AstronomEasy

AstronomEasy

Descobrindo a Astronomia

Gabriel Cavalcante - 2019
Instagram: @GabrielCial

DEDICATÓRIA

Dedico este livro a todos os meus familiares e amigos que me apoiaram neste projeto. Também a todas as mentes da comunidade científica, histórica e atual, que me inspiram a fazer esse tipo de trabalho de divulgação da astronomia.

SUMÁRIO

1. **CAPÍTULO I | A HISTÓRIA DA ASTRONOMIA**
   1.1 SURGIMENTO DA ASTRONOMIA 6
   1.2 TEORIAS PRIMORDIAIS 7
   1.3 A IMPORTANCIA DA ASTRONOMIA NO DIA A DIA 9

2. **CAPÍTULO II | MENTES IMPORTANTES DA HISTÓRIA ASTRONÔMICA**
   2.1 ERATÓSTENES 14
   2.2 HIPARCO 15
   2.3 PTOLOMEU 16
   2.4 COPÉRNICO 17
   2.5 BRAHE 18
   2.6 GALILEI 19
   2.7 KEPLER 20
   2.8 NEWTON 21
   2.9 HERSCHEL 22
   2.10 EINSTEIN 23
   2.11 HUBBLE 24
   2.12 PAYNE 25

3. **CAPÍTULO III | A FÍSICA NA ASTRONOMIA**
   3.1 FORÇAS DO UNIVERSO 28
   3.2 FORÇA GRAVITACIONAL 29
   3.3 FORÇA ELETROMAGNÉTICA 34
   3.4 FORÇA NUCLEAR FORTE 38
   3.5 FORÇA NUCLEAR FRACA 40
   3.6 VELOCIDADE DA LUZ 41
   3.7 UNIDADE DE MEDIDA 44

4. **CAPÍTULO IV | O SISTEMA SOLAR**
   4.1 O SOL 50
   4.2 PLANETA MERCÚRIO 54
   4.3 PLANETA VÊNUS 58
   4.4 PLANETA TERRA 62
   4.5 PLANETA MARTE 66
   4.6 PLANETA JÚPITER 70
   4.7 PLANETA SATURNO 74
   4.8 PLANETA URANO 78
   4.9 PLANETA NETUNO 82

5. **CAPÍTULO V | OUTROS OBJETOS DO SISTEMA SOLAR**
   - 5.1 PLANETAS ANõES 87
   - 5.2 COMETAS 98
   - 5.3 ASTEROIDES 100
   - 5.4 CINTURÕES 101

6. **CAPÍTULO VI | OBJETOS DO UNIVERSO**
   - 6.1 ESTRELAS 104
   - 6.2 PLANETAS 106
   - 6.3 SATÉLITES NATURAIS 108
   - 6.4 GALÁXIAS 110
   - 6.5 BURACOS NEGROS 115
   - 6.6 NEBULOSAS 118

7. **CAPÍTULO VII | A VIZINHANÇA DO SISTEMA SOLAR**
   - 7.1 SISTEMAS ESTELARES PRÓXIMOS 124
   - 7.2 GALÁXIAS PRÓXIMAS 140

8. **CAPÍTULO VIII | EVENTOS DO UNIVERSO**
   - 8.1 SUPERNOVA 147
   - 8.2 ONDA GRAVITACIONAL 149

9. **CAPÍTULO IX | O ESPAÇO-TEMPO**
   - 9.1 ESPAÇO TRIDIMENSIONAL 152
   - 9.2 DIMENSÃO TEMPORAL 153
   - 9.3 O TECIDO ESPAÇO-TEMPO 154
   - 9.4 DESCOMPLICANDO A GRAVIDADE 155

10. **CAPÍTULO X | A ORIGEM**
    - 10.1 BIG BANG 157

CAPÍTULO I
A História da Astronomia

O Surgimento Da Astronomia

Considerando que a astronomia é a mais antiga das ciências naturais, envolvendo um longo período de tempo, tão antigo quanto o surgimento do homem, as descobertas arqueológicas vêm fortalecendo a cada dia mais esta afirmação, abafando o pódio dos gregos de pioneiros dos estudos celestes.

Sabe-se que o homem pré-histórico, de acordo com pinturas rupestre do período Paleolítico, já observava o espaço, identificava padrões de movimentos das estrelas e demais astros e usava isso a seu favor, como mapas, relógios e calendários.

Apenas observando, a humanidade coletou um vasto número de dados de muita importantância para a vida atual, como por exemplo, as estações do ano, as fases da lua e entre outros que contribuem bastante para a agricultura mundial.

A curiosidade sobre a existência das coisas sempre acompanhou a espécie humana desde os primórdios da nossa evolução. A astronomia é um assunto que vem atiçando ainda mais a nossa sede por conhecimento, nos impulsionando a pensar e a desenvolver ferramentas que facilitam a busca por informações no universo observável, como foi o caso do telescópio. Desde a invenção do telescópio (1608 - Hans Lippershey), o homem vem se deslanchando em novas descobertas sobre o nosso vasto universo.

Teorias Primordiais

O Geocentrismo ou a teoria do universo geocêntrico

Antigamente, lá pelos meados do segundo século da nossa Era, Ptolomeu (*Alexandria, 90 d.C - 168 d.C*) lançou uma teoria na qual acreditava-se que a Terra seria o centro do universo, ou seja, todos os corpos celestes como o Sol, a Lua, planetas e até mesmo as demais estrelas, giravam em torno da Terra, que por sua vez, era imóvel aos olhos de Ptolomeu.

Como sendo o modelo cosmológico pioneiro e o mais antigo já registrado pelo homem, dificilmente na época questionava-se esta teoria, na qual grandes filósofos famosos também à defendiam, um deles era Aristóteles. Devido ao encaixe perfeito do geocentrismo na teologia da Igreja Católica, acreditava-se que este era o modelo real para o universo e o mesmo permaneceu-se assim então por inacreditáveis treze séculos, até que Galileu Galilei (*Itália, 1564-1642*) interferisse trazendo à tona o modelo cosmológico "**Heliocentrismo**" de Nicolau Copérnico (*Polônia, 1473-1543*).

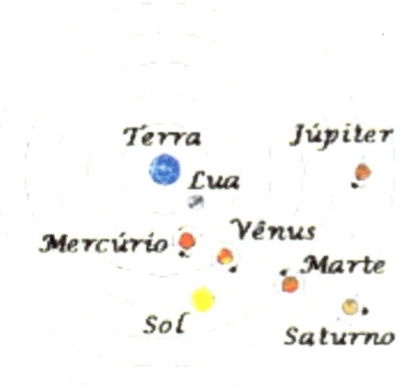

(Imagens da internet representando o modelo cosmológico de Ptolomeu, o Geocentrismo)

O Heliocentrismo

O modelo cosmológico inicialmente proposto pelo astrônomo polonês Nicolau Copérnico, surgiu em meados do século 15, que no oposto do modelo de Ptolomeu, o Geocentrismo, que colocava a Terra como sendo o centro do universo, o Heliocentrismo visa o Sol como o centro do Sistema Solar, indo totalmente contra a doutrina da Igreja Católica que adotou o modelo de Ptolomeu como sua base, levando Copérnico, por medo das autoridades religiosas, desistir de publicar o seu livro. Apenas no fim de sua vida, um amigo de Copérnico decidiu publicar seus estudos e por fim oficializar a teoria Heliocêntrica.

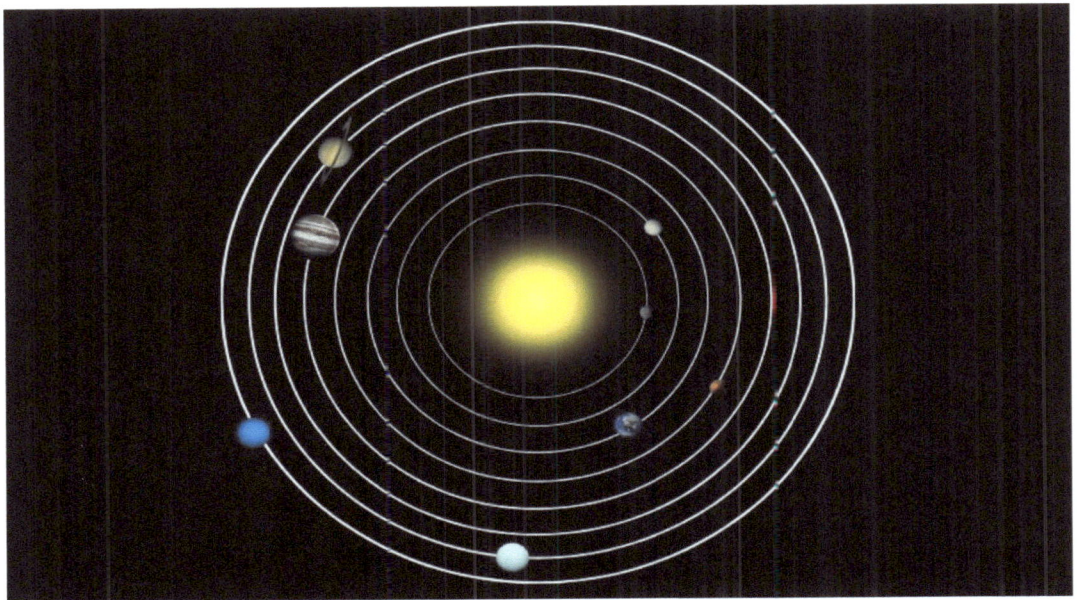

(Imagem ilustrando o modelo cosmológico de Copérnico, o Heliocentrismo)

Décadas após a morte de Copérnico, o italiano Galileu Galilei seguiu adiante com o modelo cosmológico heliocêntrico. Devido a estudos e observações pessoais, Galileu notou que o modelo heliocêntrico era o que mais se aproximava da realidade, porém a Igreja Católica não apoiou e decretou sua prisão domiciliar, além de proibi-lo de ensinar.

A Importancia Da Astronomia No Dia a Dia

SATÉLITE ARTIFICIAL

O primeiro idealizador de enviar um objeto para a órbita terrestre foi o inglês Isaac Newton, que em 1729, publicou suas variadas ideias em um livro de como lançar um objeto e fazê-lo orbitar a terra através de uma experiência imaginária que consistia em um canhão disparando um projétil do topo de uma montanha.

SPUTNIK

O primeiro satélite artificial colocado em órbita pelo ser humano, foi o Sputnik, lançado pela União Soviética no ano de 1957, que teve a importante função de coletar dados sobre as capacidades de carga de um lançamento para o espaço, efeitos radioativos, ausência de peso em organismos vivos e também serviu para estudar a superfície terrestre.

Veja uma imagem do satélite artificial Sputnik 1:

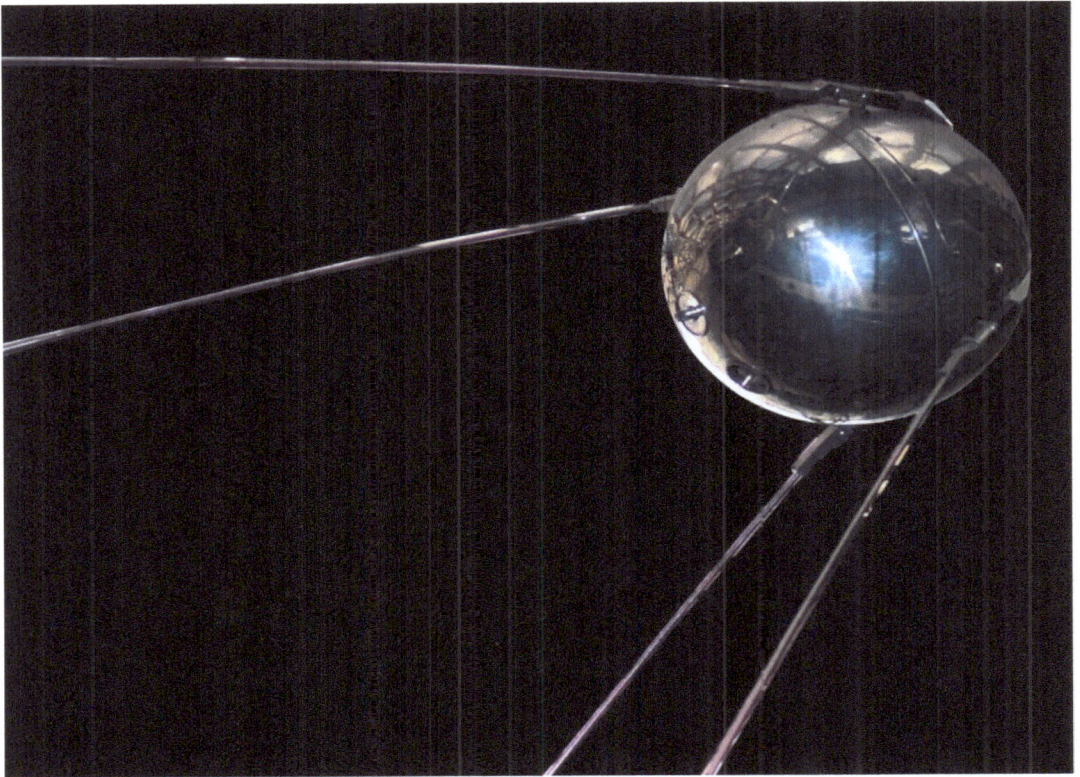

(Imagem da internet do Satélite Artificial Sputnik 1, lançado pela USSR em 1957)

O satélite artificial Sputnik 1 pesava 83,6 quilos, tinha 53 centímetros de diâmetro, foi colocado em órbita elíptica por um processo que durou cerca de 98 minutos.

Comunicação

Desde a invenção do primeiro satélite artificial Sputnik 1, a competição e a corrida espacial em busca de um lugar no espaço vem cogitando todo o planeta, principalmente os Estados Unidos e União Soviética na época, trazendo uma grande revolução na indústria da comunicação através de satélites que impactam nossas vidas até hoje e que visam um futuro ainda mais promissor.

Devido a evolução da astronomia, os satélites artificiais são hoje de gigantesca importância para a humanidade, pois por eles são transmitidos as principais ferramentas de comunicação mundial, como telefonia celular, TVs por assinatura, internet, GPS, entre outros.

(Imagem da internet mostrando um satélite na órbita terrestre)

CAPÍTULO II
Mentes Importantes Da História Astronômica

Mentes Importantes Da História Astronômica

Em ordem cronológica, conheça as principais peças da história astronômica que contribuíram para a composição da astronomia que conhecemos hoje.

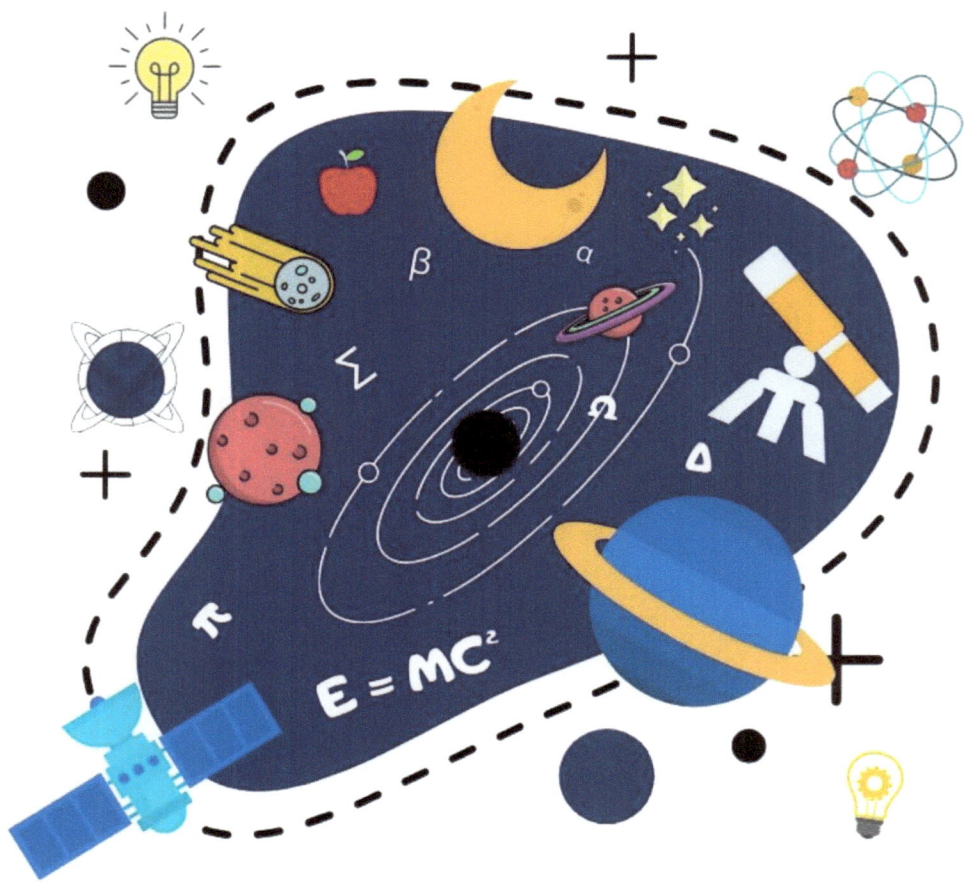

ERATÓSTENES
(276 A.C - 194 A.C)

(Imagem da internet representando Eratóstenes à esquerda)

Eratóstenes de Cirene (276 a.C - 194 a.C), foi um matemático, geógrafo, bibliotecário e astrônomo da grécia antiga, nascido em Cirene, na África. Foi responsável por calcular a circunferência da Terra, provando a sua real forma circular e calculou também com precisão a distância da Terra ao Sol. Eratóstenes também foi pioneiro na disciplina de geografia.

Obras:
Catasterismi, Constellation Myths: With Aratus's Phaenomena, Eratosthenes' Geography & Eratosthenis Geographicorvm Fragmenta.

HIPARCO
(190 a.C - 120 a.C)

(Imagem da internet representando Hiparco de Niceia)

Hiparco de Niceia (190 a.C - 120 a.C), foi um matemático, cartógrafo, construtor de máquinas e astrônomo da grécia antiga, nascido em Niceia, na atual Turquia. É considerado o fundador da astronomia científica, foi o pioneiro na elaboração de uma tabela trigonométrica e hoje é chamado de pai da trigonometria.

Suas contribuições para a astronomia também foram; o primeiro astrolábio, instrumento usado para medir a distância angular de qualquer objeto celeste em relação ao horizonte. Criou também o sistema de localização por latitude e longitude.

Obras:
The geographical fragments of Hipparchus & On Sizes and Distances.

PTOLOMEU
(90 D.C - 168 D.C)

(Imagem da internet representando Ptolomeu)

Cláudio Ptolomeu (90 d.C - 168 d.C), foi um matemático, cartógrafo, geógrafo, astrólogo e astrônomo da grécia antiga, nascido em Ptolemaida Hérmia, no Egito. Ele foi o último astrônomo desde a idade das trevas, também foi o fundador da teoria "Geocentrismo", onde se acreditava que a Terra seria o centro do universo e todas as coisas girava em sua volta. Apesar de seu equívoco teórico, Ptolomeu foi fundamental para preservar o catálogo de estrelas do astrônomo grego *Hiparco de Niceia*. Ele também acrescentou em seus estudos um conjunto de tabelas que tornava possível calcular as posições dos planetas, da lua e do sol, do nascer e do pôr das estrelas, e as datas dos eclipses solares e lunares.

Obras:
Almagest, Geography, Tetrabiblos, Planisphaerium, Ptolemy's Catalogue of Stars: A Revision of the Almagest, Harmonics & mais.

COPÉRNICO
(1473 - 1543)

(Imagem da internet representando Nicolau Copérnico)

Nicolau Copérnico (1473 - 1543), foi um matemático europeu nascido em Torun, na Polônia, que na época era parte da província da Prússia Real. Copérnico foi o desenvolvedor da teoria "Heliocentrismo", que considera o Sol como o centro do sistema solar e que todos os astros giram em sua volta. Copérnico, por medo de perseguições religiosas decidiu não publicar a sua obra, então somente em seu leito de morte, seu amigo decidiu publicar o seu livro.

Obras:
On the Revolutions of the Heavenly Spheres, Commentariolus, Nicolaus Copernicus Gesamtausgabe, Three Treatises on Copernican Theory, Philosophers of Science, Seven Stars & mais.

BRAHE
(1546 - 1601)

(Imagem da internet representando Tycho Brahe)

Tycho Brahe (1546 - 1601), foi um astrônomo europeu nascido na Dinamarca, dono do observatório chamado *Uranienborg, que ficava* na ilha de Ven, entre Suécia e Dinamarca. Brahe foi um astrônomo a frente de seu tempo, que alcançou com uma precisão incrível a posição de astros celestes, como planetas e estrelas.

Obras:
Astronomiae Instauratae Progymnasmata, Opera Omnia & Learned Tico Brahe His Astronomical Conjecture of the New and Much Admired Star Which Appeared in the Year 1572.

GALILEI
(1564 - 1642)

(Imagem da internet representando Galileu Galilei)

Galileu Galilei (1564 - 1642), foi um astrônomo, matemático, físico e filósofo nascido na Itália. Galilei certamente foi contemplado, pois viveu na época da invenção do telescópio, termo este que apesar de ter sido inventado na Itália em 1611, a patente foi solicitada em 1608 por *Hans Lippershey*, fabricante de óculos de Middleburg. De maior importância para a astronomia observacional moderna, Galilei foi o primeiro a usar o telescópio para meios científicos, a fim de estudar o espaço e os astros que nele o compõe. O astrônomo italiano descobriu coisas absurdas para a sua época, como a superfície montanhosa da lua, as fases de vênus, principais luas de júpiter, os anéis de saturno, a composição das galáxias, as manchas solares e entre outros. Galileu Galilei construiu e aperfeiçoou seu próprio telescópio e quase ficou cego por observar demais o Sol. Oito anos antes de sua morte, Galilei teve sua prisão domiciliar sentenciada pela Igreja Católica por discordar da teoria ptolomaica, mesmo apresentando provas de sua visão cosmológica.

Obras:
Dialogue Concerning the Two Chief World Systems, Sidereus Nuncius, Two New Sciences, The Assayer, Opere & mais.

KEPLER
(1571 - 1630)

(Imagem da internet representando Johannes Kepler)

Johannes Kepler (1571 - 1630), foi um matemático e astrônomo alemão nascido na cidade de Weil der Stadt. Kepler foi uma peça indispensável para a revolução científica do século 17, pois ele quem descreveu os movimentos planetários fundamentados em 3 leis da mecânica celeste que ele mesmo as criou, sendo elas:

1ª Lei - Órbitas
Os planetas possuem órbitas elípticas, com o Sol ocupando um dos focos da elipse.

2ª Lei - Áreas
A linha reta que liga o Sol ao planeta possuem áreas iguais em intervalos de tempo iguais.

3ª Lei - Periodos
Os quadrados dos períodos das órbitas são proporcionais aos cubos das distâncias médias do Sol aos planetas.

Obras: *Harmonices Mundi, Astronomia nova, Somnium, Astronomiae Pars Optica & mais.*

NEWTON
(1643 - 1727)

(Imagem da internet representando Isaac Newton)

Isaac Newton (1571 - 1630), foi um alquimista, matemático, físico, teólogo, astrônomo e cientista nascido na Inglaterra. Newton através de sua obra, formulou as leis dos movimentos e a lei da gravitação universal. O astrônomo inglês descreveu matematicamente sua visão da gravidade através de derivações das Leis de Kepler, posteriormente, usando estes mesmos princípios, calculou as trajetórias de cometas e diversos fenômenos. Newton também foi pioneiro na construção de um telescópio refletor prático e desenvolveu a teoria das cores fundamentada na observação da difração da luz branca em várias cores do espectro visível através de um prisma.

Obras:
Philosophiæ Naturalis Principia Mathematica, Opticks, Selections from Newton's Principia, New theory about light and colors & mais.

HERSCHEL
(1738 - 1822)

(Imagem da internet representando William Herschel)

William Herschel (1738 - 1822), foi um músico, matemático e por fim astrônomo, nascido na Alemanha mas foi naturalizado Inglês. Herschel foi o responsável pela descoberta do planeta Urano e duas de suas luas, que foram "Oberon" e "Titânia", assim como descobriu mais duas luas em Saturno. O músico que compôs 24 sinfonias ao longo de sua vida, também apaixonado por astronomia, construía seus próprios telescópios refletores, e com eles fez descobertas surpreendentes para a época, como sistemas estelares binários (quando duas estrelas orbitam em torno de um centro gravitacional), várias nebulosas e descobriu também que o Sol está em movimento. Com a ajuda de um prisma e um termômetro, William descobriu a radiação infravermelha.

Obras:
The Scientific Papers of Sir William Herschel, Catalogue of Nebulae and Clusters of Stars, On the Construction of the Heavens, On the Satellites of the Planet Saturn, and the Rotation of Its Ring on an Axis: By William Herschel, LL. D.F.R.S. From the Philosophical Transactions & mais.

EINSTEIN
(1879 - 1955)

(Imagem da internet representando Albert Einstein)

Albert Einstein (1879 - 1955), foi um físico teórico que nasceu na Alemanha, criador da teoria da *Relatividade Geral*, que generaliza a lei da gravitação universal, descrevendo a unificação da gravidade como uma geometria do espaço-tempo, teoria esta que é considerada um pilar fundamental para a física moderna juntamente com a mecânica quântica. Através da teoria da relatividade geral, foi possível prever a existência de buracos negros e ondas gravitacionais. Einstein é famoso também por sua fórmula ($e = mc^2$), a equação representa a transformação da massa de um objeto em energia e vice-versa; *E = energia, M = massa e C^2 = velocidade da luz ao quadrado.*

Obras:
The Quotable Einstein, Relativity: The Special and the General Theory, The Meaning of Relativity, The Theory of Relativity, The Evolution of Physics & mais.

HUBBLE
(1889 - 1953)

(Imagem da internet mostrando Edwin Hubble)

Edwin Powell Hubble (1889 - 1953), foi um astrônomo nascido nos Estados Unidos da América (EUA), responsável por uma das descobertas mais importantes da história da astronomia. Hubble estendeu nossa capacidade de compreensão do universo para a infinidade através de observações pelo telescópio *Hooker*, desvendou os mistérios das galáxias ainda chamadas de *"Nebulosas"*, provando que havia uma quantidade absurda de outras galáxias e estrelas além da nossa Via Láctea, que até então era tudo que se acreditava existir para a comunidade científica da época. O astrônomo norte americano ainda provou por meio de um efeito da luz (*redshifts*), que as galáxias estão se distanciando uma das outras.

Obras:
The realm of the nebulæ, Photographic Investigations of Faint Nebulae, The Nature of Science, and Other Lectures & The Edwin Hubble Papers: Previously Unpublished Manuscripts on the Extragalactic Nature of Spiral Nebulae.

PAYNE
(1900 - 1979)

(Imagem da internet mostrando Cecilia Payne-Gaposchkin)

Cecilia Payne-Gaposchkin (1900 - 1979), foi uma astrofísica e astrônoma nascida na Inglaterra. Na sua época acreditava-se que a composição química solar era semelhante a composição terrestre, e em 1925, Payne contrariando esta ideia, desenvolveu uma tese revolucionária, mesmo sendo desacreditada pelos demais. Mostrou que as estrelas (incluindo o sol) eram compostas principalmente de hidrogênio e hélio. Cecilia além de ter sido professora integral, foi a primeira mulher a liderar um departamento em Harvard e a primeira pessoa a conquistar um PhD em Astronomia no mesmo.

Obras:
Stars in the Making, Stars and Clusters, The Stars of High Luminosity, Astrophysik II: Sternaufbau / Astrophysics II: Stellar Structure & mais.

Estes foram a base fundamental para a astronomia na qual conhecemos hoje, pilares de extrema importância para a ciência dos astros, obviamente tudo que está descrito aqui sobre estas pessoas não é tudo o que conquistaram ao longo da vida, mas uma grande parte que serviu de degrau científico para a compreensão do universo que entendemos nos dias de hoje. Cada teoria, tese, descoberta, estudo e invenção de cada um dos astrônomos da história, são peças que se encaixam neste imenso quebra-cabeça temporal, criando uma base de dados indispensáveis para o surgimento de novas teorias através de evidências, gerando cada vez mais descobertas e assim criando um ciclo de conhecimento astronômico sem fim.

Capitúlo III
A Física na Astronomia

As Forças Do Universo

Tudo que vemos de forma superficial ou profunda, tudo que presenciamos através do tempo, tudo que entendemos de realidade (se é que entendemos), todos os sentidos do nosso corpo que conecta nossas mentes com o mundo lá fora, tudo o que conhecemos até o momento, é governado por forças fundamentais da natureza, são elas quatro forças que regem o nosso universo e sua composição; *Força Gravitacional, Força Eletromagnética, Força Nuclear Forte e Força Nuclear Fraca.*

As forças elementares estão presentes no nosso dia a dia como nunca imaginamos, ao acordar, ao caminhar, ao respirar, ao correr, ao tomar banho, a todo momento somos dependentes da gravidade e das demais forças. Sem elas nós não estaríamos firmes no chão, não ouviríamos sons, não veríamos o clarear do dia e nem sequer existiríamos. O que torna todas as coisas assim, do jeito como são e como conhecemos, são exatamente as quatro forças fundamentais da natureza.

Força Gravitacional

A **força gravitacional** é a força que surge através da interação mútua entre dois corpos, é ela quem exerce a atração e não repulsão dos mesmos:

Assim acontece entre a Terra e a Lua, fazendo com que a lua permaneça na órbita terrestre:

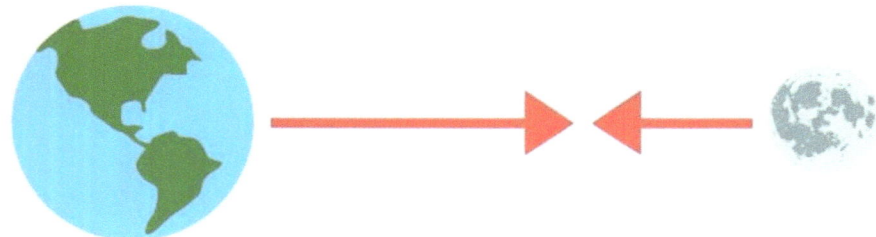

Exatamente também como acontece entre Sol e Terra:

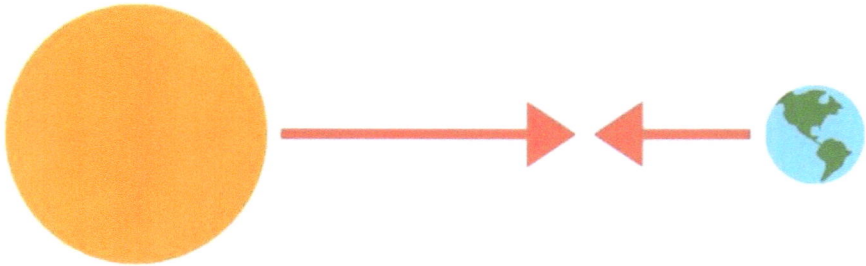

Quanto maior e massivo é um corpo, maior é a força atrativa que a gravidade exerce sobre o outro:

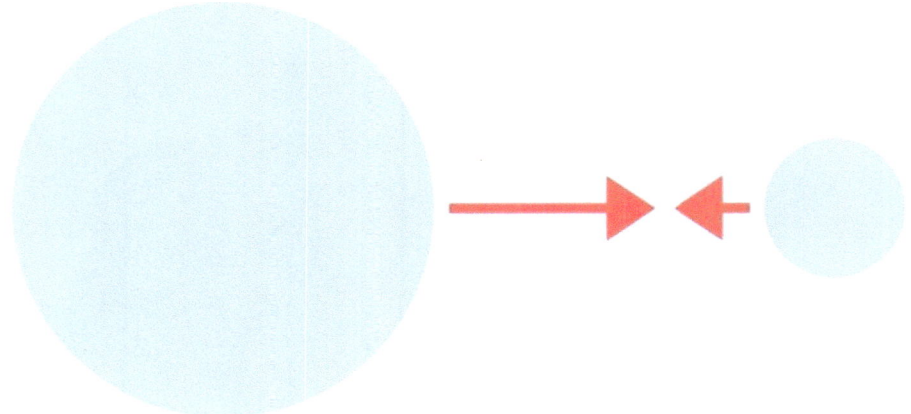

A força gravitacional atrai não somente planetas, mas tudo que se aproxima, por exemplo, a força gravitacional da terra nos puxa para o centro do planeta possibilitando estarmos firmes no chão:

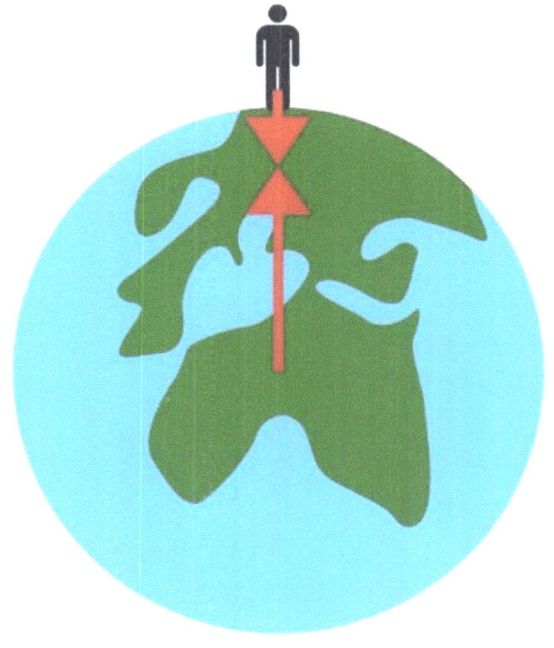

Assim como também atrai rochas espaciais popularmente conhecidas como "*estrelas cadentes*", que ao entrar em atrito com o ar em uma grande velocidade, se desintegra gerando luz e calor, tornando possível sua observação repentina a olho nu.

A gravidade também é responsável por manter os astros em sua forma aparentemente "esférica", a partir do momento que os mesmos possuem uma quantidade de massa mínima pra isso, atraindo-se para o seu próprio núcleo:

A LEI DA GRAVITAÇÃO UNIVERSAL

De acordo com a lenda, a **lei da gravitação universal** foi apresentada em 1666 pelo inglês Isaac Newton, ao presenciar a clássica história da maçã caindo de uma árvore. O cientista então notou que a terra e a maçã interagiam por meio de uma força recíproca, chamando esta força de "*Gravidade*" e articulando a lei da gravitação universal.

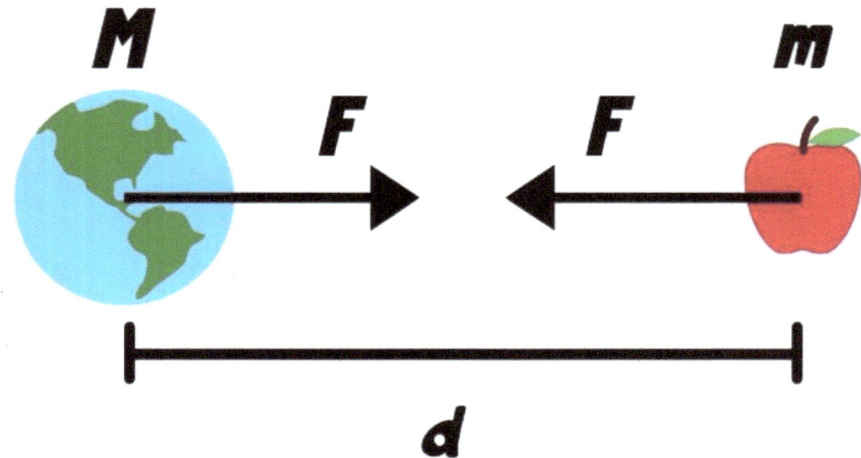

De acordo com Newton, a força F de atração entre as massas têm sua intensidade atribuída por:

$$F = G \frac{M \cdot m}{d^2}$$

➜ **F:** força gravitacional entre dois corpos

➜ **G:** constante da gravitação universal ($G = 6{,}67 \cdot 10^{-11}\ N \cdot m^2 \cdot Kg^2$)

➜ **M e m:** massa dos dois corpos (quilograma)

➜ **d^2:** distância entre os centros dos corpos (metros)

Força Eletromagnética

A **força eletromagnética** é a força que interage diretamente com as partículas elementares, que são elas; prótons e elétrons. É importante salientar que de um jeito ou de outro, esta força acaba interagindo com as demais partículas conhecidas com exceção de duas, grávitons e neutrinos.

Veja uma figura representativa de um átomo:

O **átomo** é a divisão mínima da matéria formado por um núcleo de carga positiva envolto de um campo chamado "eletrosfera" negativamente carregado.

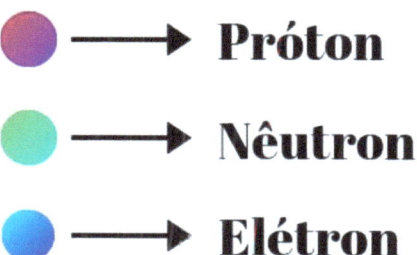

Humanos, demais animais terrestres, peixes, as plantas, toda a matéria orgânica, além dos objetos, possuem massa e estão sujeitos à força da gravidade exercida pela Terra. Mas o que nos torna inteiro e com diversas formas impedindo que sejamos desmontados e somados à parte do núcleo terrestre em uma simetria abstrata? Sabendo que 99,9% de um átomo é composto por espaços vazios, surgem os seguintes questionamentos:

"*Por que não atravessamos objetos?*" ou "*Por que não afundamos no chão entre estes espaços?*".

A resposta para todos estes questionamentos é clara e se chama; *Força Eletromagnética*.

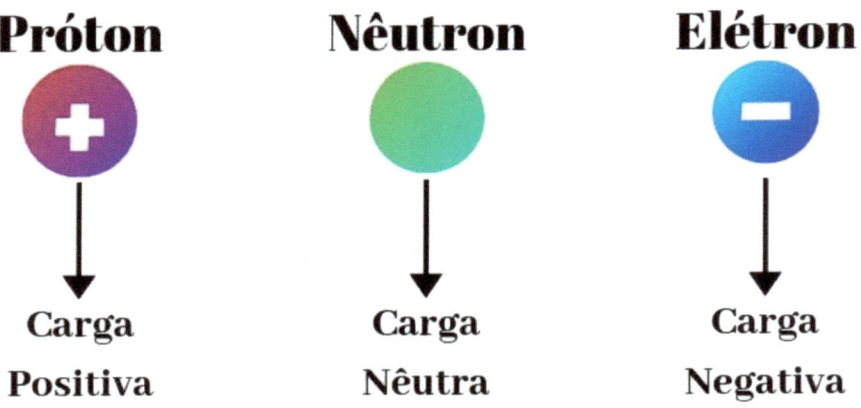

A grande diferença entre a *força gravitacional* e a *eletromagnética*, é que a força gravitacional tem propriedade atrativa, já a eletromagnética, atrativa e repulsiva.

A LEI DA ATRAÇÃO E REPULSÃO MAGNÉTICA

A intensidade da atração ou da repulsão de massas magnéticas puntiformes é inversamente proporcional ao quadrado da distância entre eles.

A força de atração é responsável por unir massas de cargas opostas:

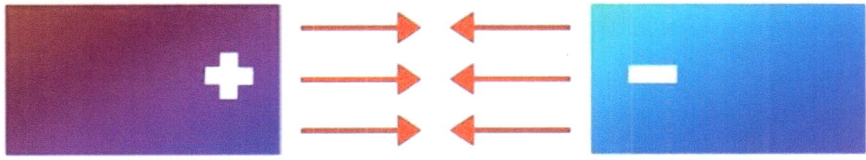

A força de repulsão é responsável por repelir massas de cargas iguais:

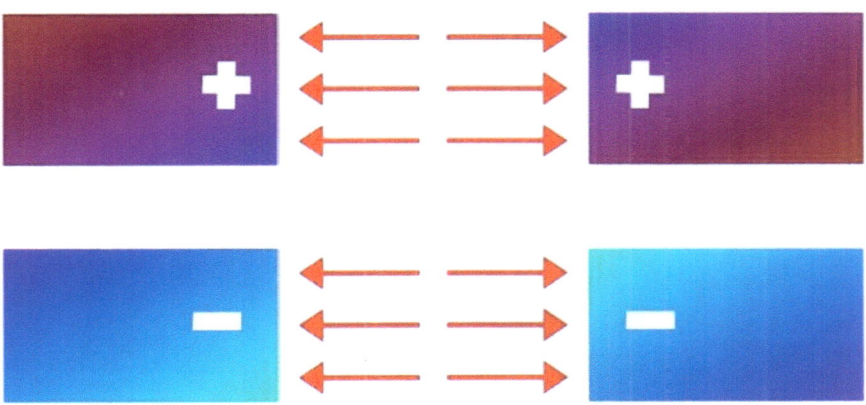

O exemplo mais clássico que vemos do magnetismo são os ímãs, representados muitas vezes por polaridades "N" e "S" (Norte e Sul):

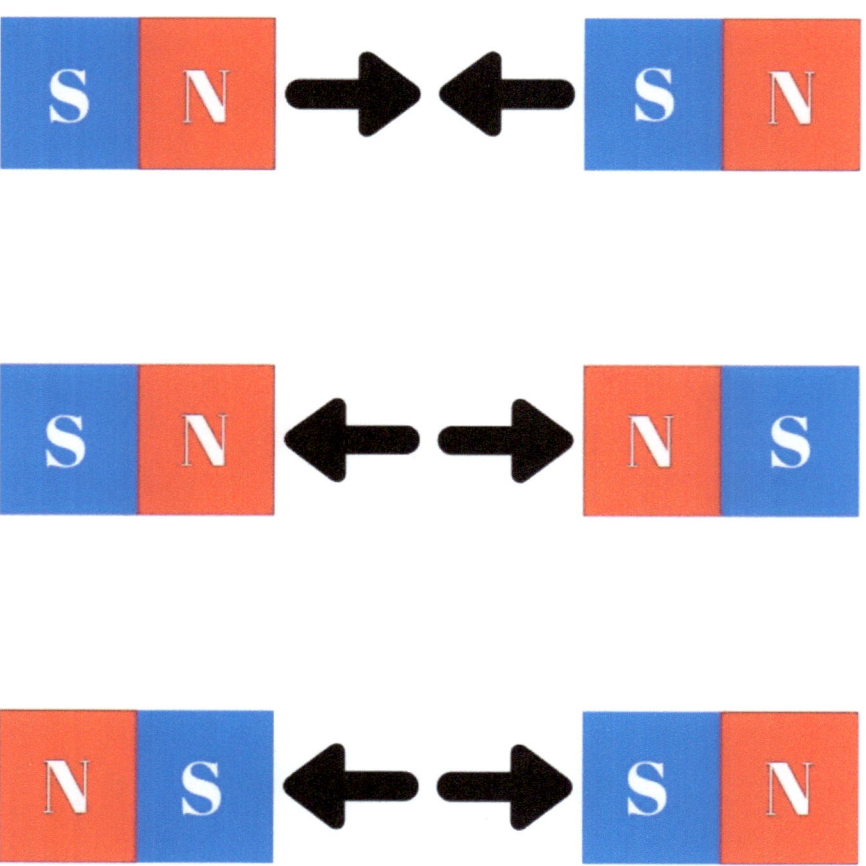

Força Nuclear Forte

A **força nuclear forte** é a interação entre quarks e glúons, responsável por manter o núcleo atômico estável. Após entender o funcionamento da força eletromagnética, visando que cargas opostas se atraem e cargas iguais se repelem, surge o seguinte questionamento:
 "Mas como que os prótons, que são de carga iguais, permanecem juntos no núcleo de um átomo sem se repelir?"
É aí que entra a força nuclear forte!

Os **quarks** são partículas subatômicas elementares que se combinam através dos **glúons**, que são partículas intermediadoras da força nuclear forte, formando prótons, nêutrons e outras partículas:

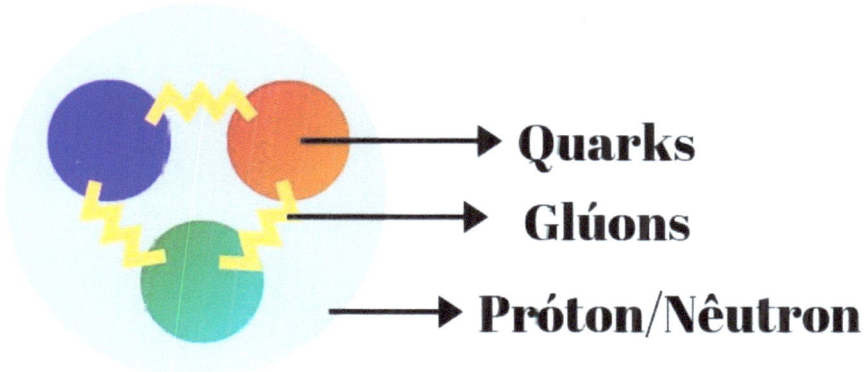

Existem seis tipos de quarks, são eles:
→ *Quark Up*
→ *Quark Down*
→ *Quark Charm*
→ *Quark Strange*
→ *Quark Top*
→ *Quark Bottom*

Apesar dos seis tipos diferentes de quarks, vamos comentar apenas os quarks do tipo "Up" e "Down" que são responsáveis pela formação de prótons e nêutrons, os demais quarks são responsáveis por formar outros tipos de partículas, que não abordaremos no tema.

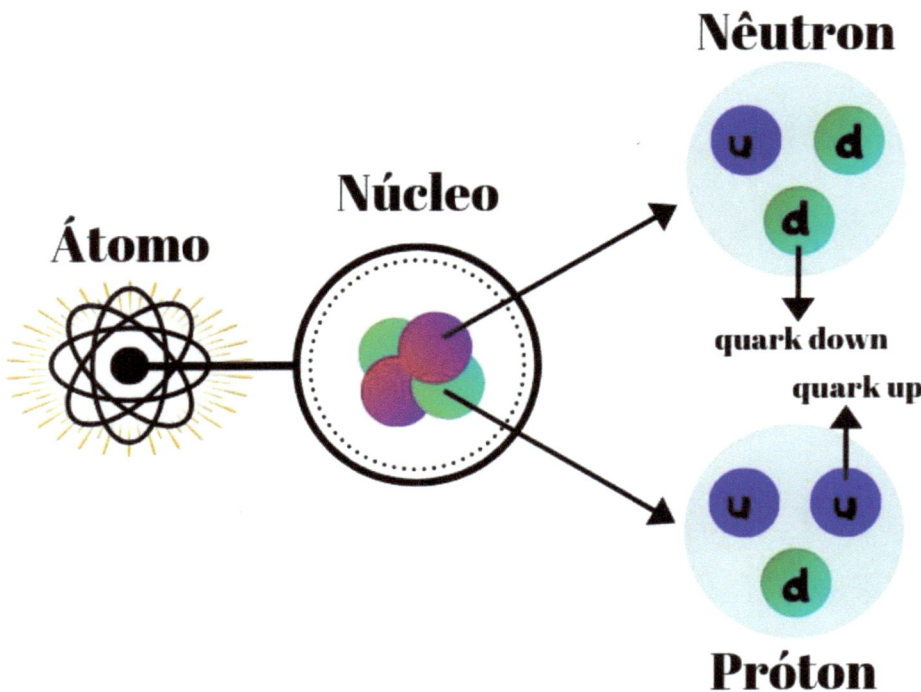

Como vemos na imagem acima, podemos afirmar que os nêutrons são formados por dois *quarks down* e um *quark up*, já o próton é formado por dois *quarks up* e um *quark down*.

A força nuclear forte com a sua interação atrativa entre essas partículas quarks, supera a força eletromagnética de repulsão mantendo as partículas de cargas iguais estáveis no núcleo de um átomo.

Força Nuclear Fraca

A **força nuclear fraca** é responsável pela desintegração de números de um átomo através da emissão de radiação beta (elétrons de alta energia ou pósitrons). A força nuclear fraca, assim como a forte, interage diretamente com os quarks, sendo ela medida pelos bósons W e Z (que são partículas subatômicas).

Existem dois tipos de decaimento beta que são; Decaimento beta negativo e decaimento beta positivo. O Decaimento beta em si, é o processo pelo qual um núcleo atômico instável pode se transformar em outro núcleo pela emissão de uma partícula beta.

Decaimento beta negativo ou beta menos, é quando um núcleo atômico emite um elétron:

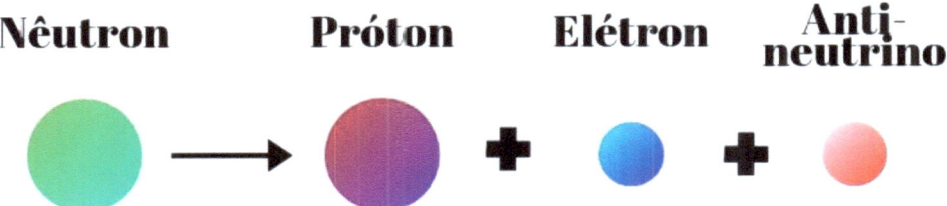

Decaimento beta positivo ou beta mais, é quando um núcleo atômico emite um pósitron:

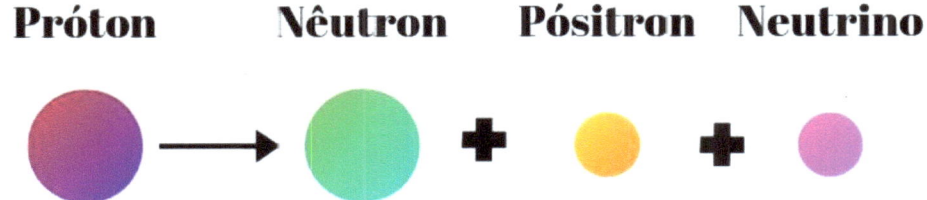

Um **pósitron** é um elétron com carga positiva.

Velocidade Da Luz

A **velocidade da luz** no vácuo é uma constante universal, que define o tamanho de um caminho percorrido pela luz. A luz tem uma velocidade de aproximadamente 300.000 km/s, ou seja, a cada segundo a luz se propaga em uma distância de 300 mil quilômetros, um bom exemplo disso é a luz que chega da lua aqui na terra. Sabendo que a distância entre a terra e a lua é de 384.400 km, podemos concluir que a luz leva pouco mais de um segundo para viajar entre esses dois astros.

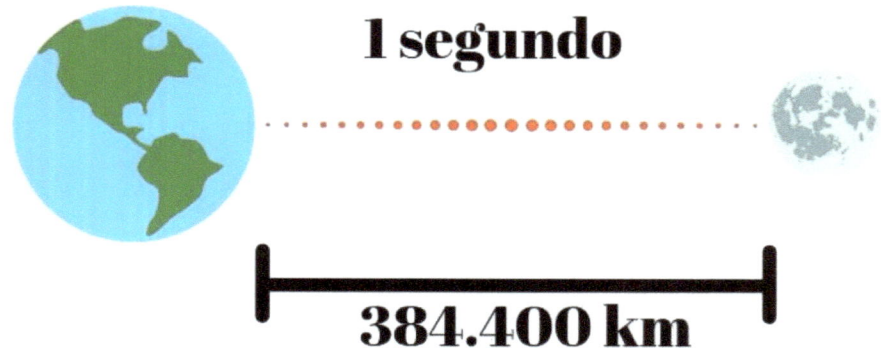

O estudo da luz não é uma novidade, isso vem desde a Grécia antiga, quando filósofos tentaram descrever a sua funcionalidade criando diversas teorias, mas o primeiro experimento para a tentativa de calcular a velocidade da luz, veio do matemático Galileu Galilei, que não deu muito certo.

O experimento de Galileu Galilei

No topo de dois morros, Galilei e seu assistente estavam segurando uma lamparina cada. A ideia era "cobrir" a luz de um lado e esperar a resposta de volta do outro, cobrindo-a também. Galileu sabendo que a velocidade de um objeto é igual à distância percorrida dividida pelo tempo ($V = d/t$), poderia então calcular a velocidade da luz.

O experimento não estava errado, o problema é que a luz se propaga extremamente rápido, então Galilei mal teve tempo de pensar em medir algo, tirando a conclusão de que a velocidade da luz poderia ser infinita. A teoria de que a velocidade da luz seria possivelmente infinita ficou fortemente na física por muito tempo, até que alguém provasse o contrário.

OLE ROMER

A primeira técnica para medir a velocidade da luz foi descoberta acidentalmente em 1676 por um astrônomo dinamarquês chamado **Ole Romer**. Durante uma observação de Júpiter e Io (uma de suas luas), Romer notou que a cada volta que Io dava em torno de Júpiter parecia ter uma pequena variação de tempo, um atraso, levando a entender que a luz não teria velocidade infinita.

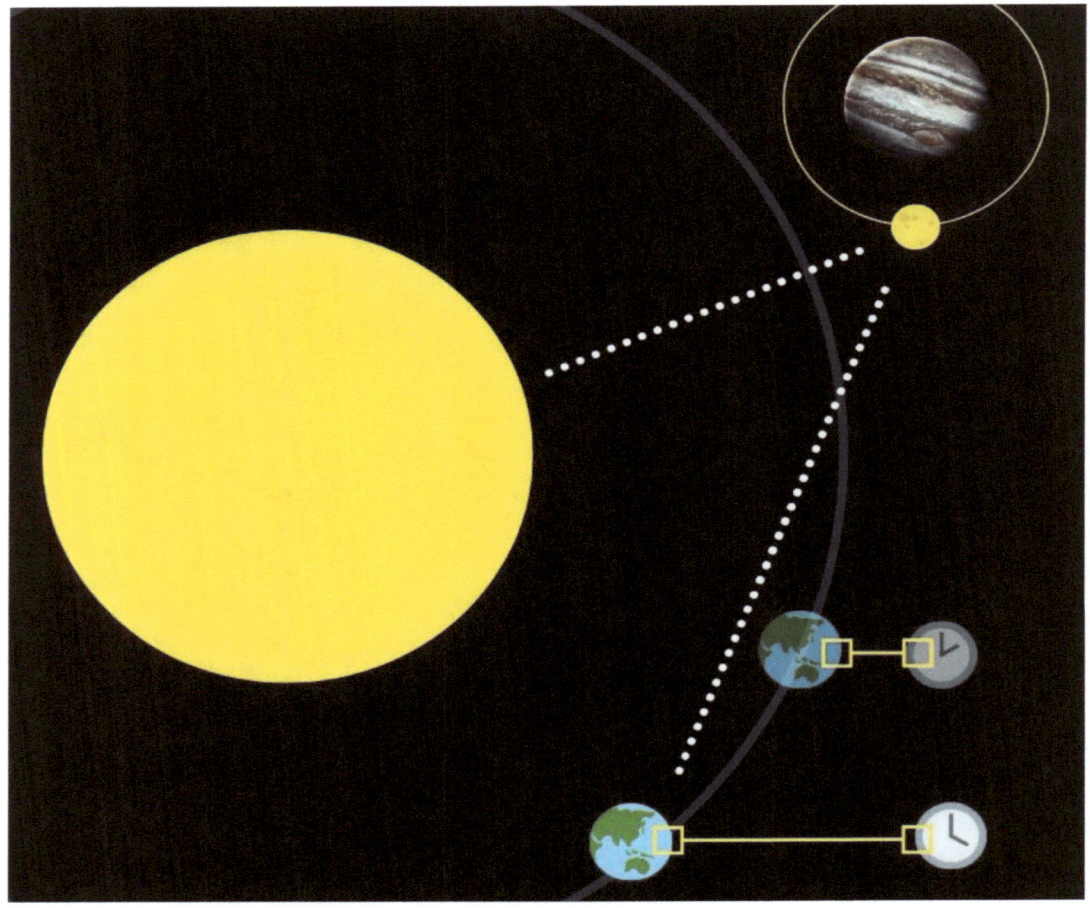

Ou seja, quanto mais a terra se afasta de Júpiter, mais a luz terá que percorrer para nós alcançar, gerando então um pequeno atraso.

Unidade De Medida

Na astronomia temos algumas unidades de medida que são muito utilizadas, dentre elas a *"Unidade Astronômica"* e o *"Ano-luz"*.

Unidade Astronômica

A **unidade astronômica** (**UA**) é uma unidade de distância, que se aproxima à distância média entre a Terra e o Sol. É utilizada no intuito de facilitar a medição de distâncias entre os astros celestes, gerando uma extensa economia numérica.

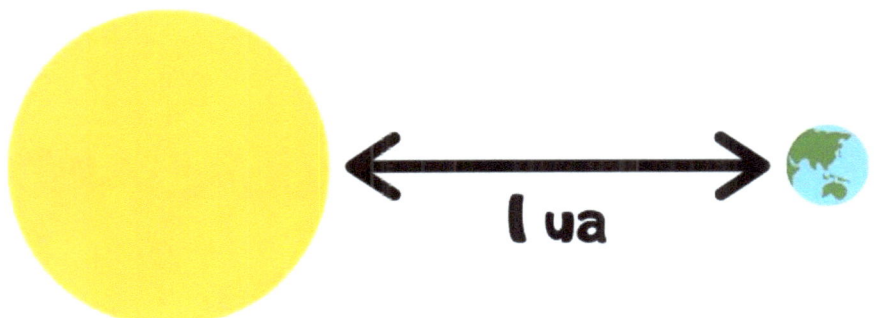

Em 2012 a *União Astronômica Internacional* definiu um valor padrão para a **UA**, que até então era de aproximadamente **150.000.000 km**, para exatos **149 597 870 700 m**.

Ano-luz

O **ano-luz** é a distância percorrida pela luz dentro de um ano, ou seja, se podemos afirmar que a luz viaja numa constante espacial de 299.792.458 metros por segundo (aproximadamente 300.000 km/s), então podemos calcular que em um ano a luz viajou aproximadamente 9.460.800.000.000 (nove trilhões, quatrocentos e sessenta bilhões e oitocentos milhões) de quilômetros. O ano-luz é usado para medir distâncias ainda maiores que a *UA* (unidade astronômica), como distâncias entre estrelas e galáxias.

Todos sabemos que a estrela mais próxima de nós é o Sol, mas e a segunda mais próxima? Ou a mais próxima do nosso sistema solar? Ela existe? Sim, é chamada de *"Próxima Centauri"* e está em uma distância de aproximadamente 4,22 anos-luz.

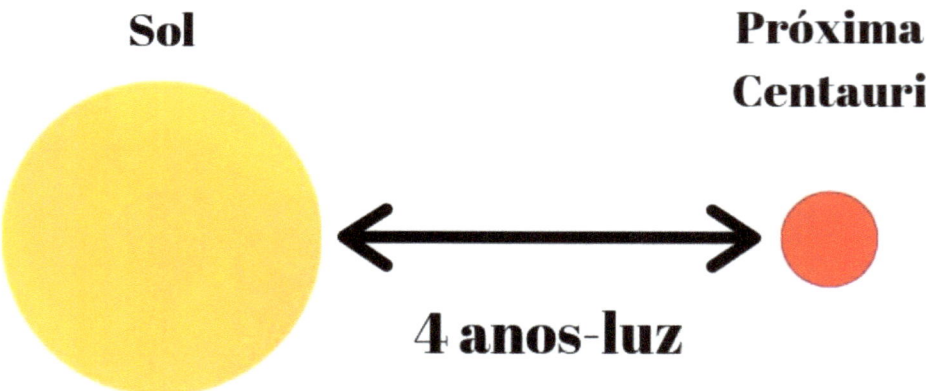

Para chegarmos em Próxima Centauri teríamos que viajar na velocidade da luz (300.000 km/s) durante 4 anos, isso quer dizer que, se a luz demora 4 anos para chegar de Próxima Centauri até aqui na terra, significa que vemos a estrela de 4 anos atrás. A luz vinda do Sol demora cerca de 8 minutos para chegar aos nossos olhos, ou seja, a luz solar que vemos agora foi emitida há 8 minutos.

CAPÍTULO IV
O Sistema Solar

Sistemas Estelares

Um **sistema estelar** é um conjunto de corpos celestes sob domínio gravitacional de um estrela, assim como o nosso sistema estelar que chamamos de "Sistema Solar". Mais de 99% de toda a matéria existente no sistema solar é atribuída ao Sol, que gera sua energia através de fusão nuclear, transformando Hidrogênio (H) em Hélio (He). Cada estrela que vemos no espaço pode, ou não, ter planetas rochosos e gasosos, assim como temos em nosso sistema.

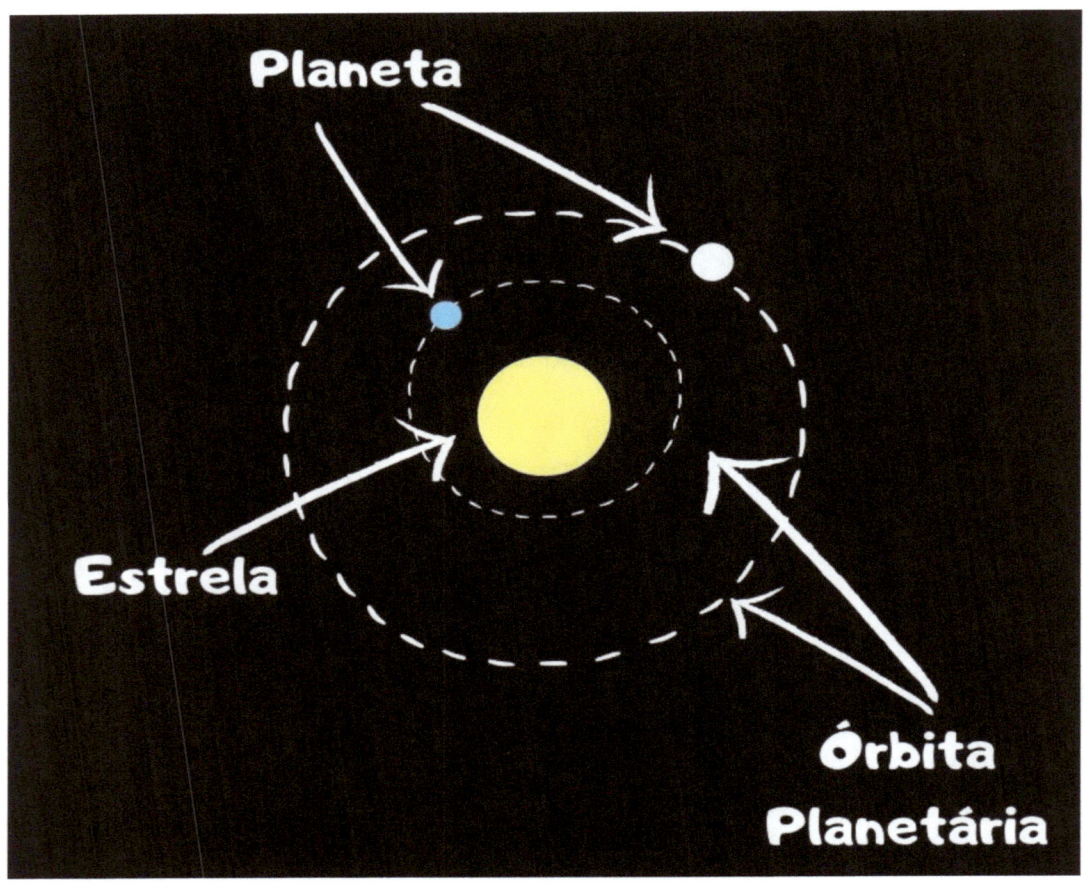

Em meio a um vasto universo composto por incontáveis estrelas e seus sistemas, existe um sistema no qual conhecemos capaz de abrigar vida, que é o nosso!

Sistema Solar

★ **Estrelas:** 1
 Sol
★ **Planetas:** 8
 Mercúrio, Vênus, Terra, Marte, Júpiter, Saturno, Urano e Netuno
★ **Planetas Anões:** 5
 Ceres, Plutão, Haumea, Makemake e Éris
★ **Satelites Naturais:** 178
 (Planetas e planetas anões)

O Sol

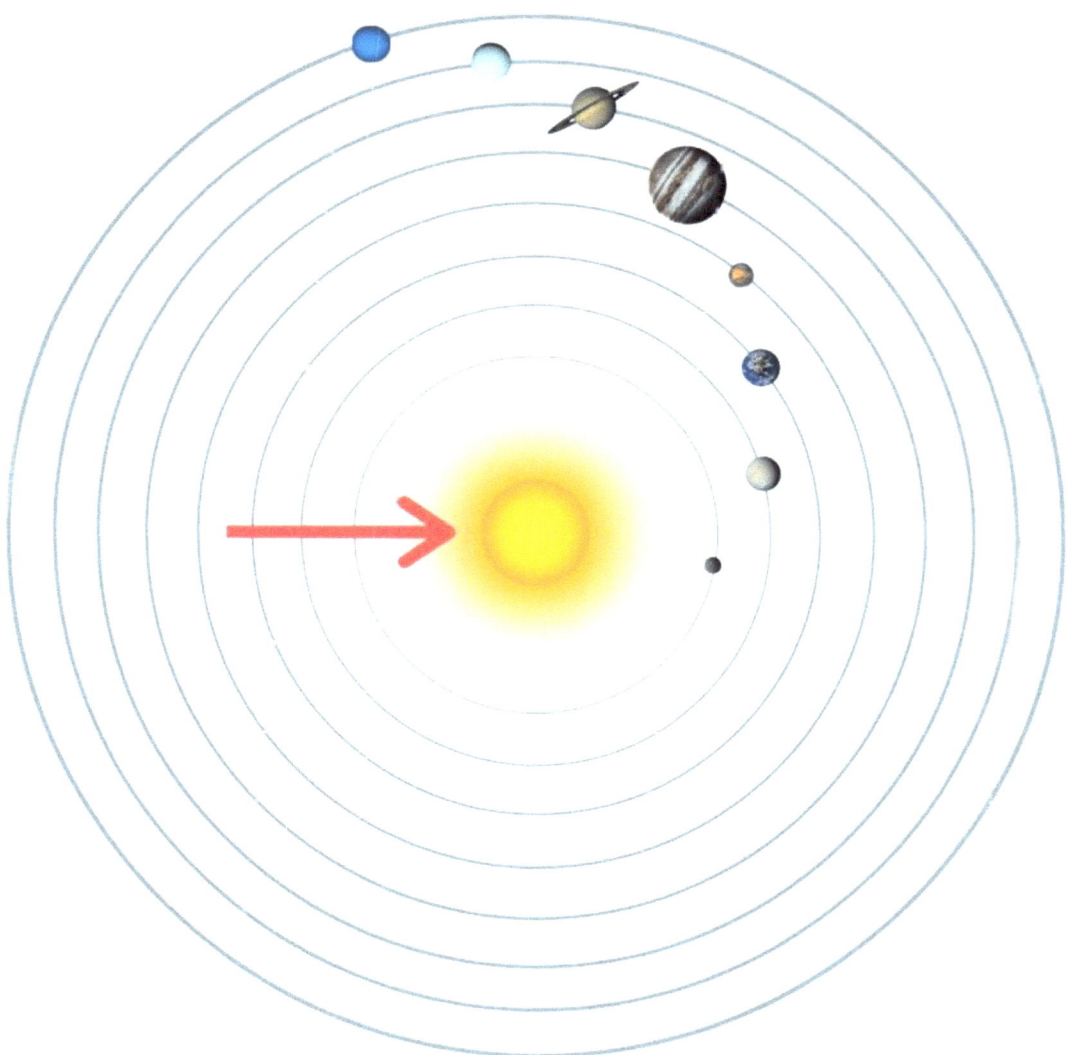

O **Sol** é a estrela central do sistema solar. Possuindo 99% da massa do sistema, sua gravidade é dominante.

SOL
Estrela Anã Amarela

Massa: 1,99 × 10^{30} kg **Volume:** 1,412 × 10^{18} km³
332.000 x Terra *1.300.000 x Terra*
Diâmetro Equatorial: 1,39 milhão km
109 x Terra
Gravidade: 27,4 g
28 x Terra
Distância média da Terra: 149 milhões km
1 UA (8,3 minutos na velocidade da luz)
Rotação: 25 dias
Temperatura na superfície: 5.505°C   **Núcleo:** 15.000.000°C

Composição Solar

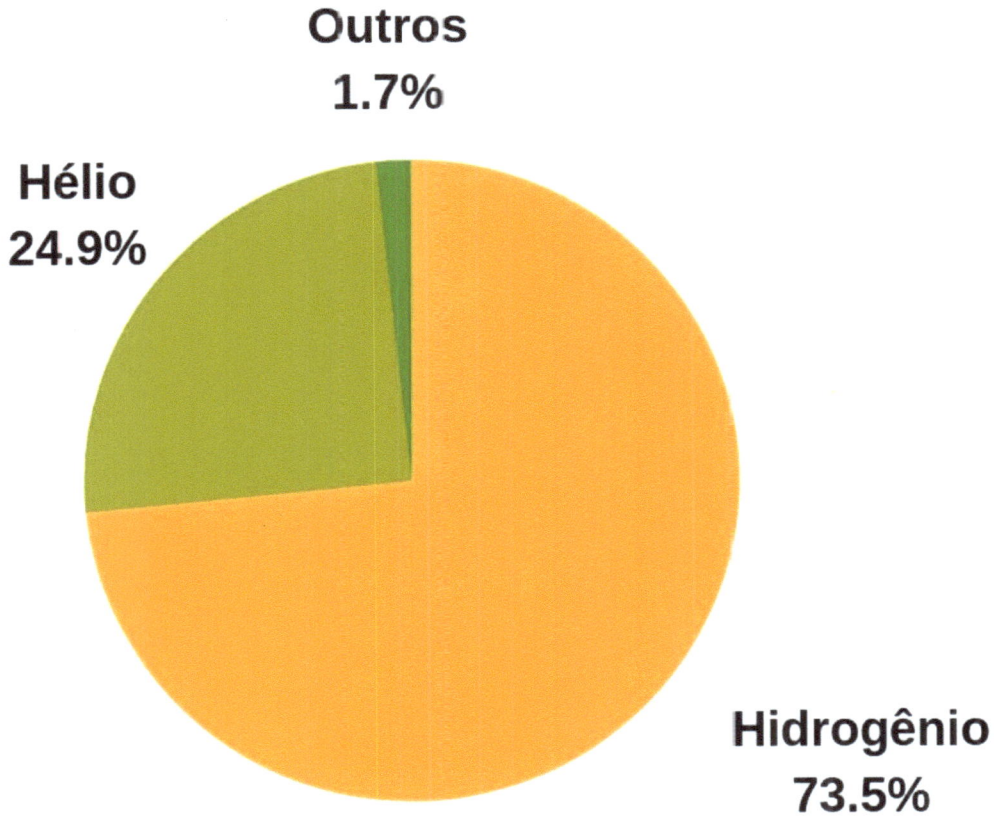

Aproximadamente ¾ da massa solar é composta por hidrogênio e ¼ por hélio. Apenas 1,7% da massa do sol é composta por elementos mais pesados como oxigênio, carbono, ferro, enxofre, néon, nitrogênio, silício e magnésio.

Estrutura Solar

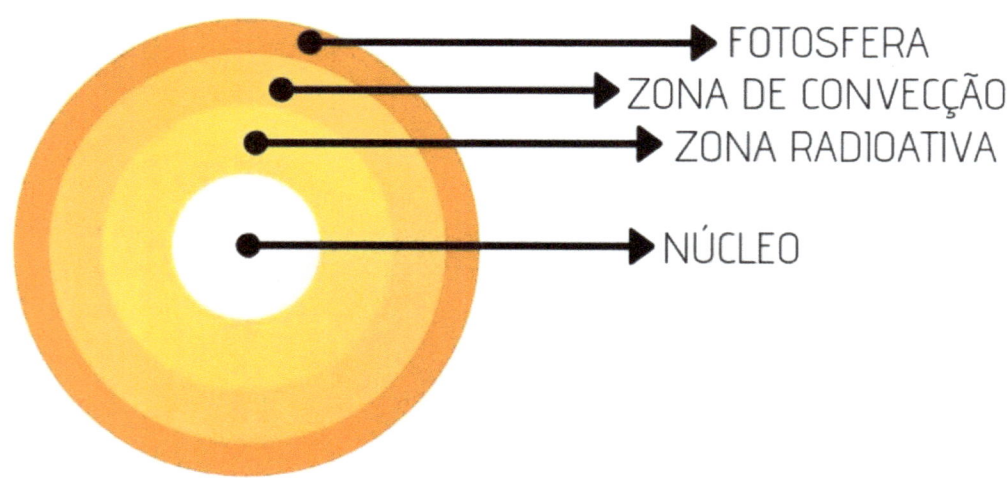

Fotosfera
É uma fina camada mais externa da esfera solar.

Zona de Convecção
Local onde correntes térmicas levam material quente para a superfície. Ao diminuir a temperatura o material retorna para a Zona Radioativa.

Zona Radioativa
Transmissão do calor do núcleo para o exterior através de radiação térmica.

Núcleo
Local onde acontece as reações de fusão nuclear.

Planeta Mercúrio

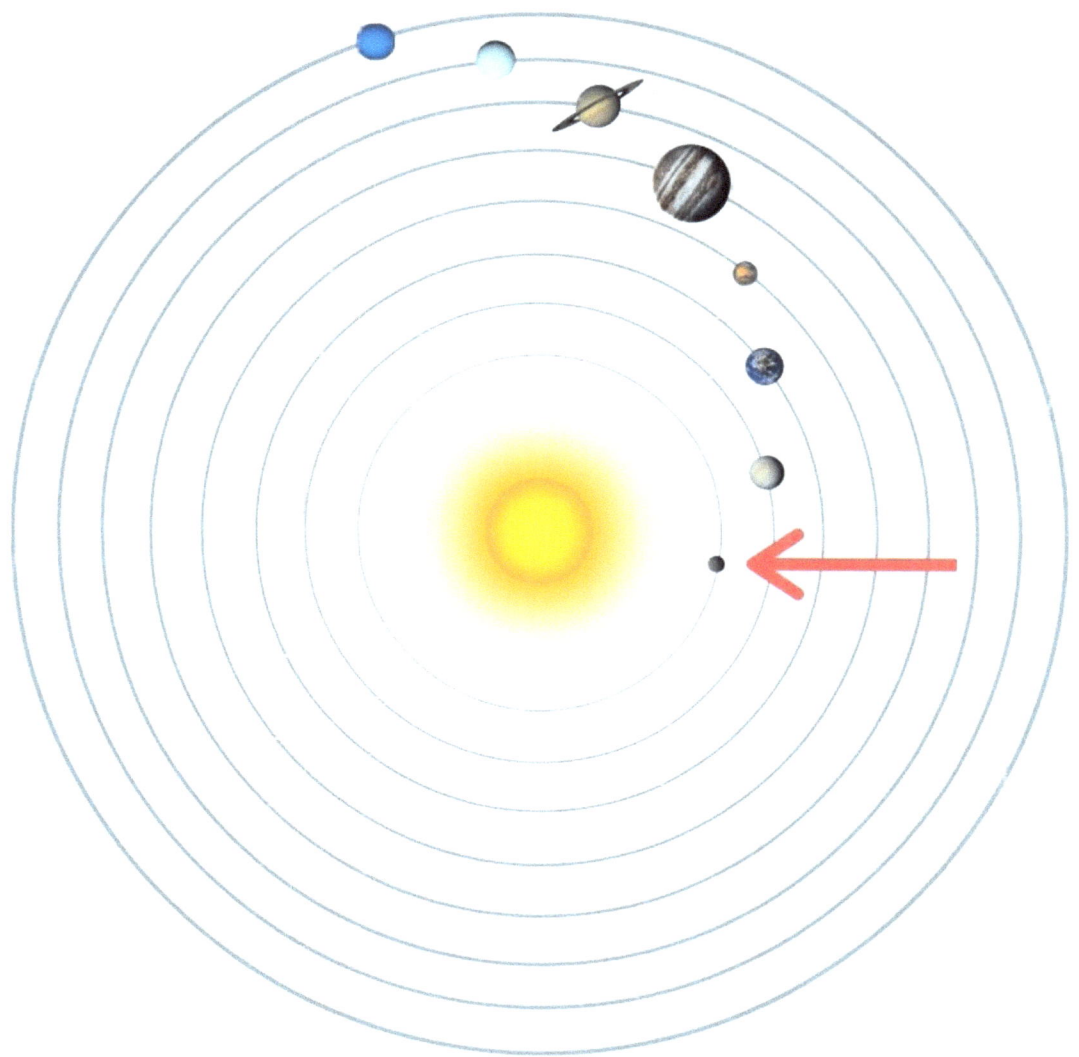

O **Planeta Mercúrio** foi visto pela primeira vez no telescópio por Galileu no início do século 17. Ele ocupa a primeira posição em relação ao sol e é o menor planeta do sistema solar.

MERCÚRIO
Planeta Rochoso

Massa: 3,3011 x 10²³ kg   **Volume:** 6,083 × 10¹⁰ km³
Diâmetro Equatorial: 4.879 km
Gravidade: 3,7 m/s²
Distância média do Sol: 58 milhões km
Rotação: 59 dias   **Translação:** 88 dias
Temperatura média: 167°C   **Dia:** 473°C   **Noite:** -183°C
Satélites Naturais: 0

COMPOSIÇÃO ATMOSFÉRICA DE MERCÚRIO

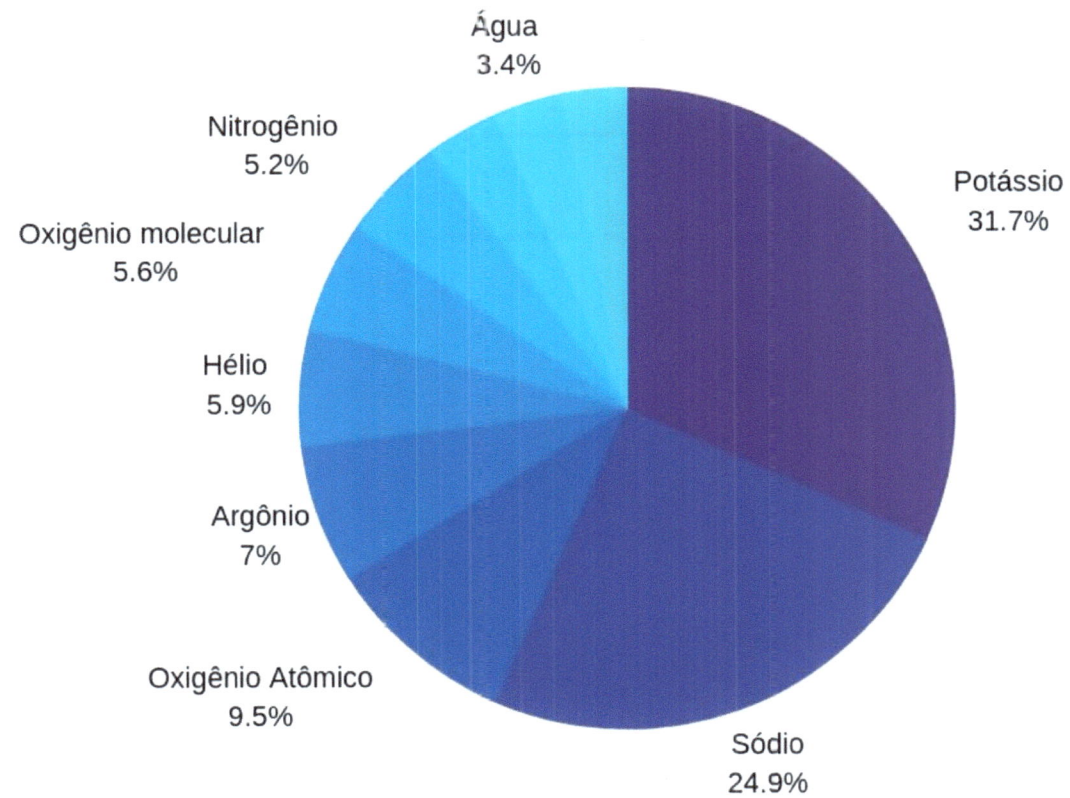

Apesar do planeta Mercúrio quase não ter atmosfera para reter o calor devido a sua baixa força gravitacional, podemos encontrar alguns elementos Mercúrio também é o planeta que experimenta as maiores variações de temperatura no sistema solar.

ESTRUTURA DE MERCÚRIO

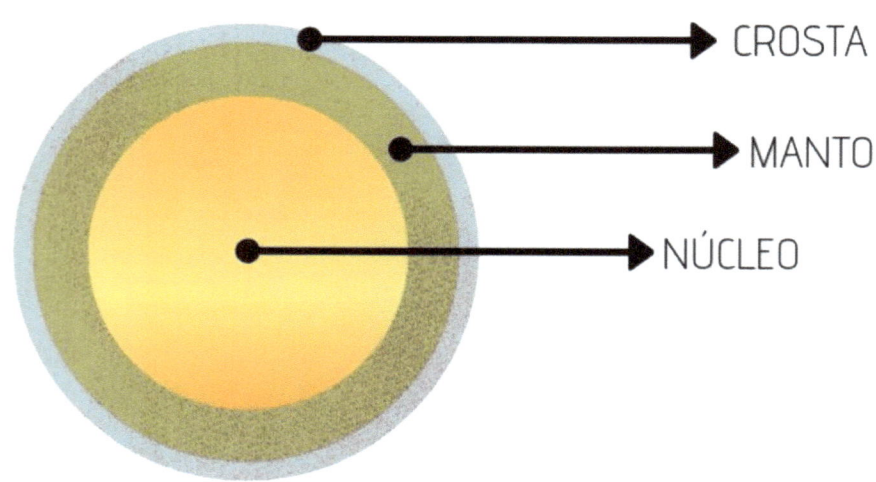

Crosta
A primeira camada do planeta Mercúrio é parecida com a crosta lunar. A superfície é feita de rocha de silicato

Manto
Local feito de rocha sólida de silicatos

Núcleo
Ferro, Mercúrio é o planeta com o maior teor de ferro no sistema solar.

Planeta Vênus

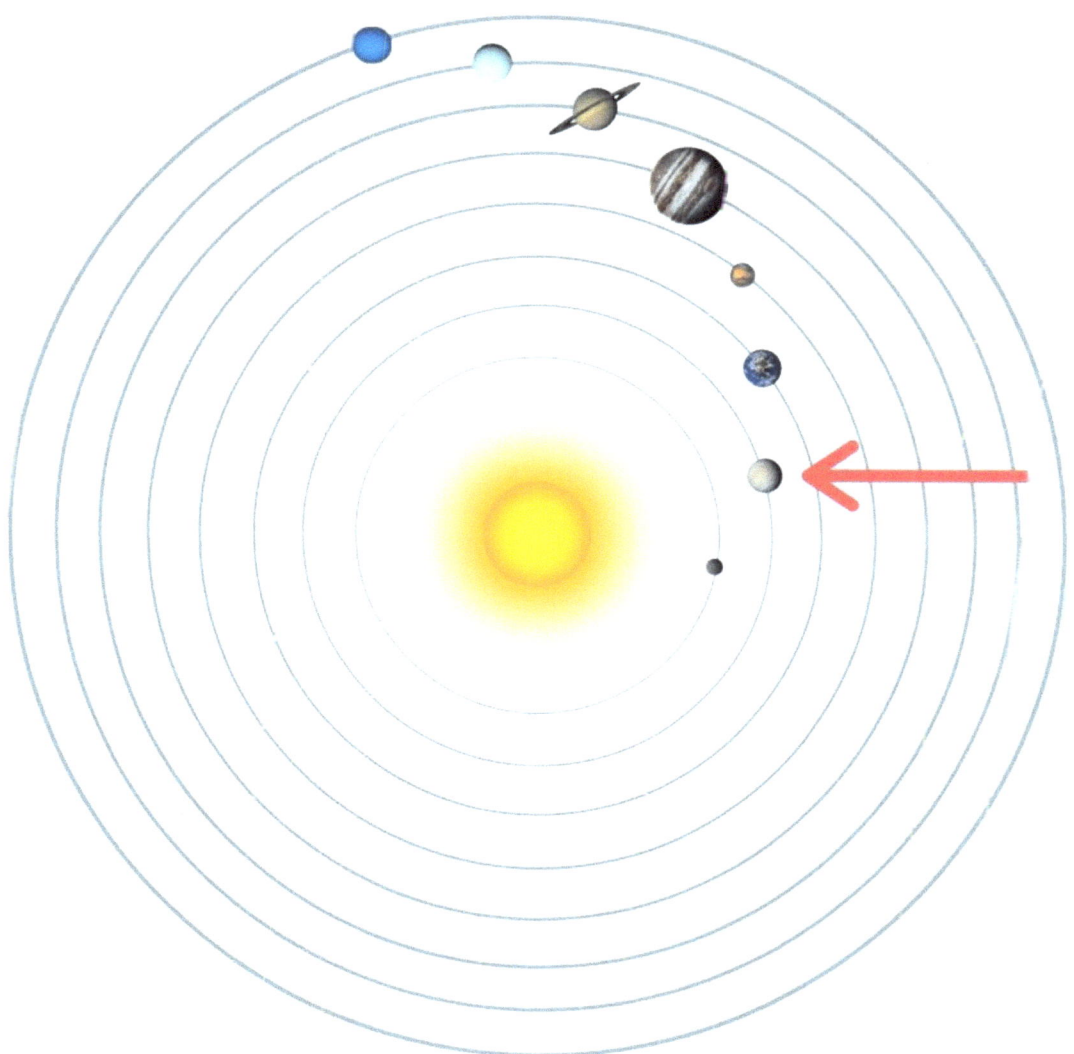

O **Planeta Vênus** é o astro mais brilhante no céu depois da Lua, possuindo a atmosfera mais densa do sistema. Ele ocupa a segunda posição em relação ao sol no sistema solar.

VÊNUS
PLANETA ROCHOSO

Massa: 4,868 ×10²⁴ kg **Volume:** 92,84 ×10¹⁰ km³
Diâmetro Equatorial: 12.104 km
Gravidade: 8,87 m/s²
Distância média do Sol: 108 milhões km
Rotação: 243 dias **Translação:** 225 dias
Temperatura média: 462°C
Satélites Naturais: 0

COMPOSIÇÃO ATMOSFÉRICA DE VÊNUS

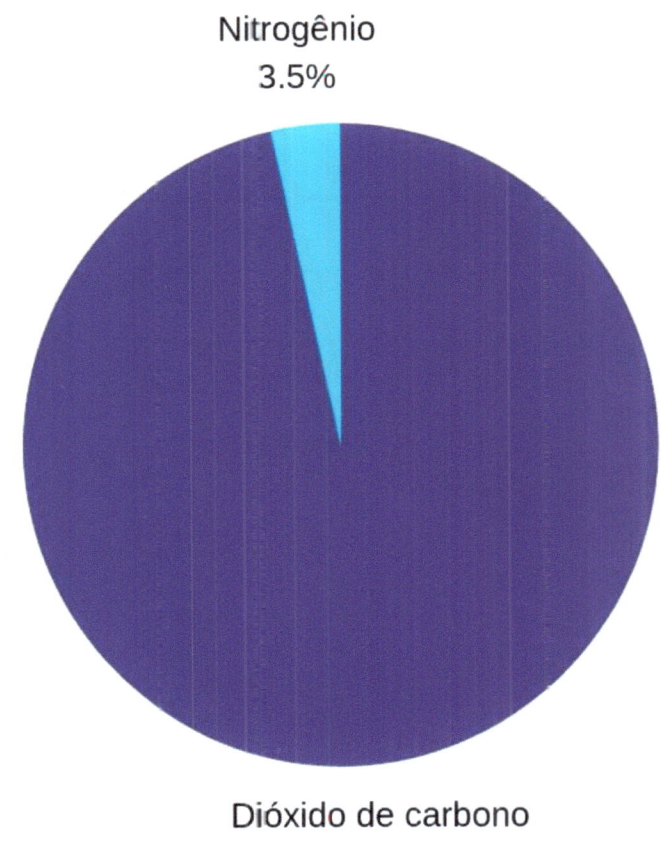

Nitrogênio
3.5%

Dióxido de carbono
96.5%

Vênus possui nuvens espessas de ácido sulfúrico que refletem muita luz solar, por isso é o segundo astro mais brilhoso no céu. Pode-se encontrar traços de outros elementos como hélio e vapor d'água. O planeta tem uma atmosfera extremamente densa e quente, sua pressão atmosférica é 92 vezes maior que a da Terra tornando um dos lugares mais hostis do Sistema Solar.

ESTRUTURA DE VÊNUS

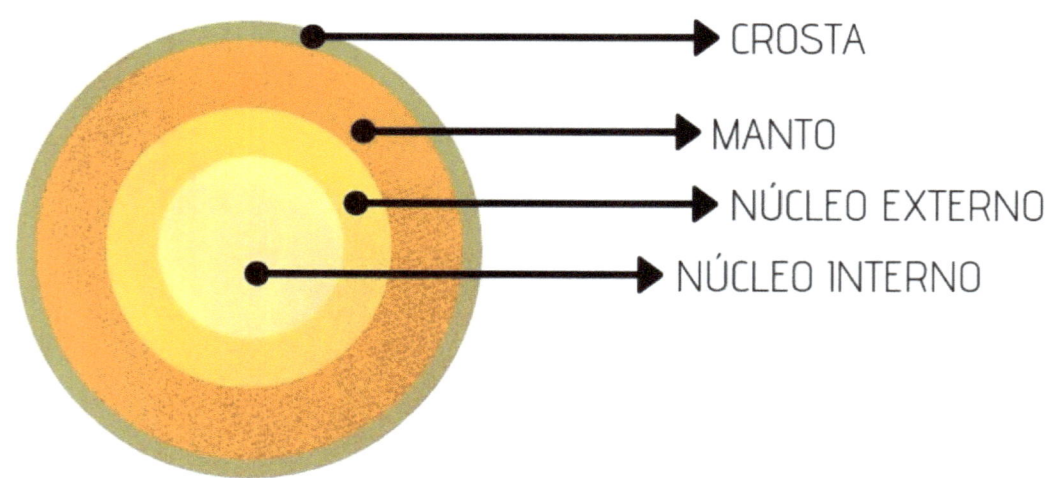

Crosta
A superfície é feita de rocha de silicato sólido e basalto.

Manto
Local feito de rocha sólida de silicatos.

Núcleo Externo
Ferro e níquel em estado líquido.

Núcleo Interno
Ferro e níquel em estado sólido.

Planeta Terra

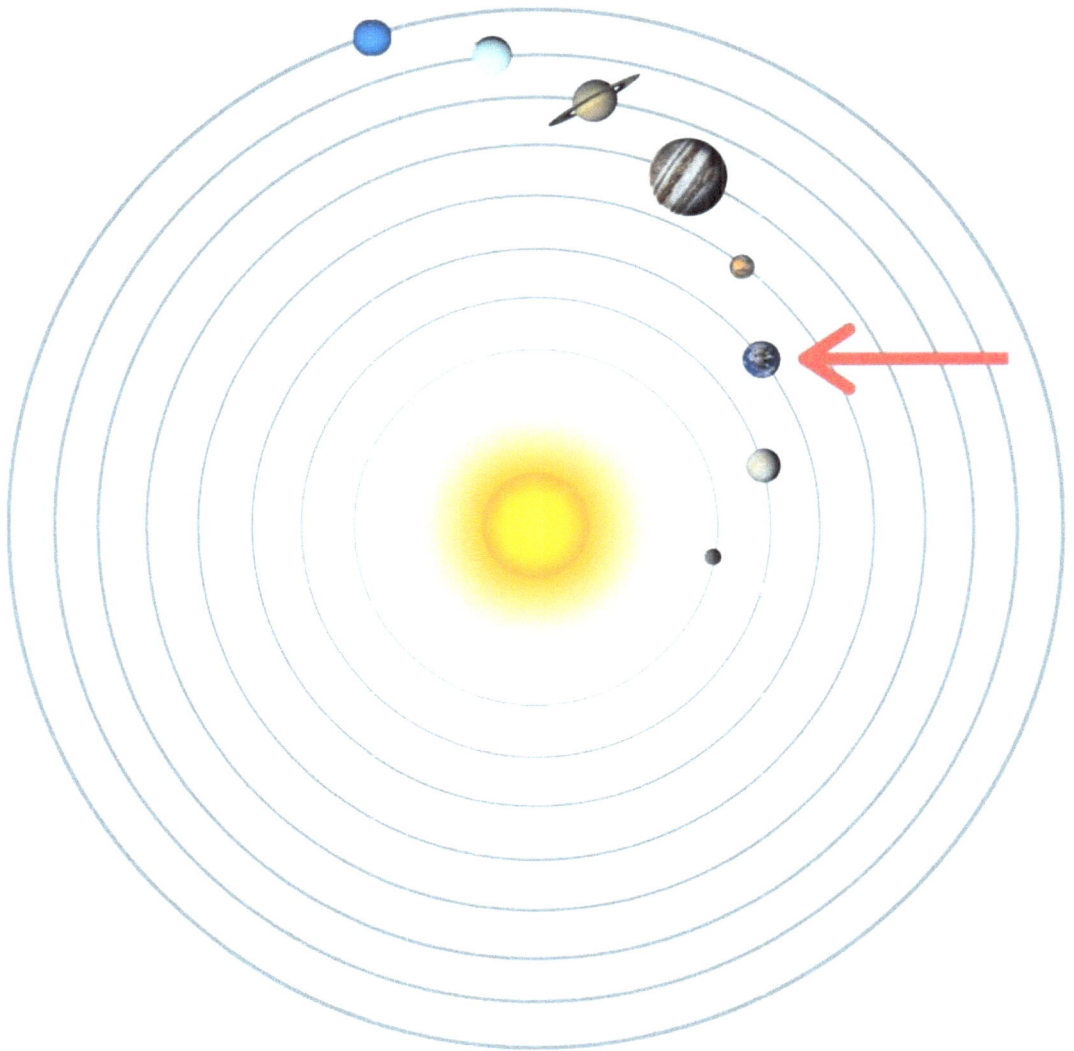

O **Planeta Terra** é o único planeta que abriga vida no sistema solar. Ele ocupa a terceira posição em relação ao sol, estando numa região denominada de *zona habitável*.

TERRA
PLANETA ROCHOSO

Massa: 5,973 × 10^{24} kg   **Volume:** 1,083 × 10^{12} km³
Diâmetro Equatorial: 12.756 km
Gravidade: 9,8 m/s²
Distância média do Sol: 149 milhões km (1 UA)
Rotação: 23h 56m   **Translação:** 365 dias
Temperatura média: 15ºC
Satélites Naturais: 1 (Lua)

COMPOSIÇÃO ATMOSFÉRICA DA TERRA

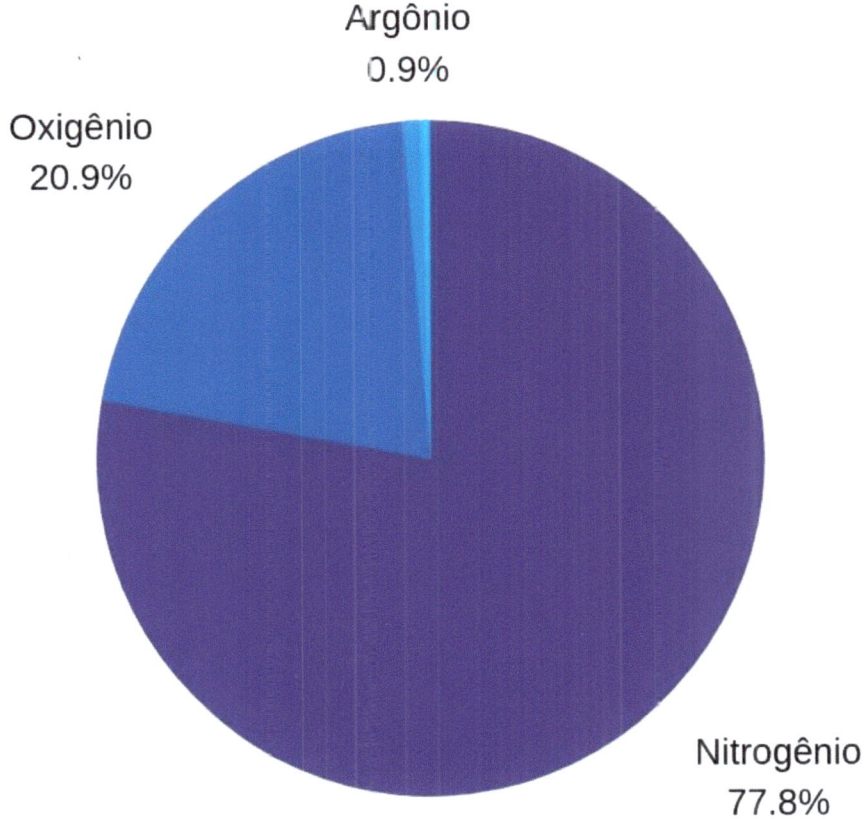

O planeta Terra possui uma atmosfera rica em nitrogênio e oxigênio, traços de outros gases são detectáveis como argônio (0,9%), dióxido de carbono (0,03%) e vapor de água que varia com o clima (~1%). A atmosfera da terra é propícia para a vida como conhecemos.

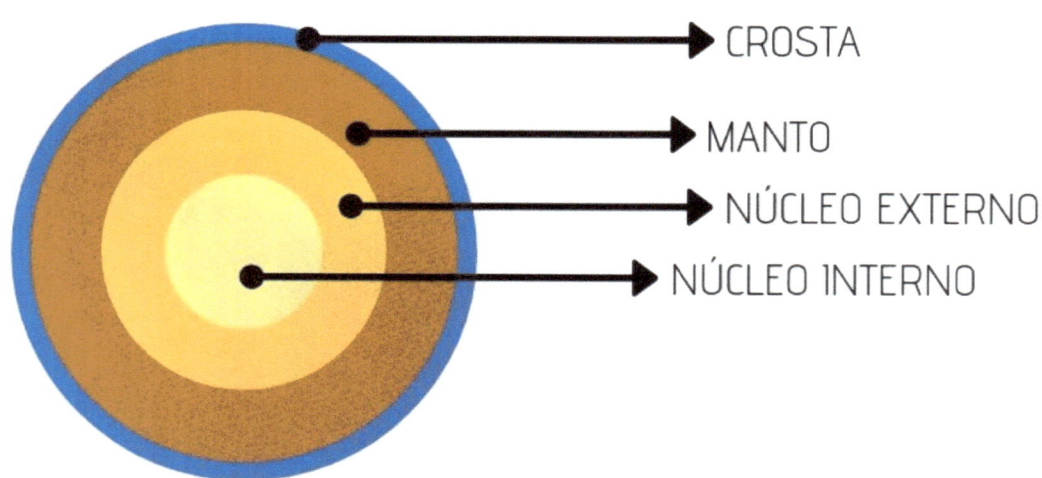

Crosta
A superfície é feita de rocha de silicato sólido e basalto. A crosta juntamente com a parte superior do manto formam a litosfera que é dividida pelas placas tectonicas.

Manto
Local feito de rocha sólida de silicatos e ocupa cerca de 84% do planeta.

Núcleo Externo
Ferro e níquel em estado líquido que são conduzidos por correntes de convecção (responsável por gerar o campo magnético terrestre). Quando os metais abaixam a temperatura retornam para o núcleo Interno.

Núcleo Interno
Ferro e níquel denso. Mesmo com a alta temperatura, a extrema pressão evita com que o núcleo fique líquido.

Planeta Marte

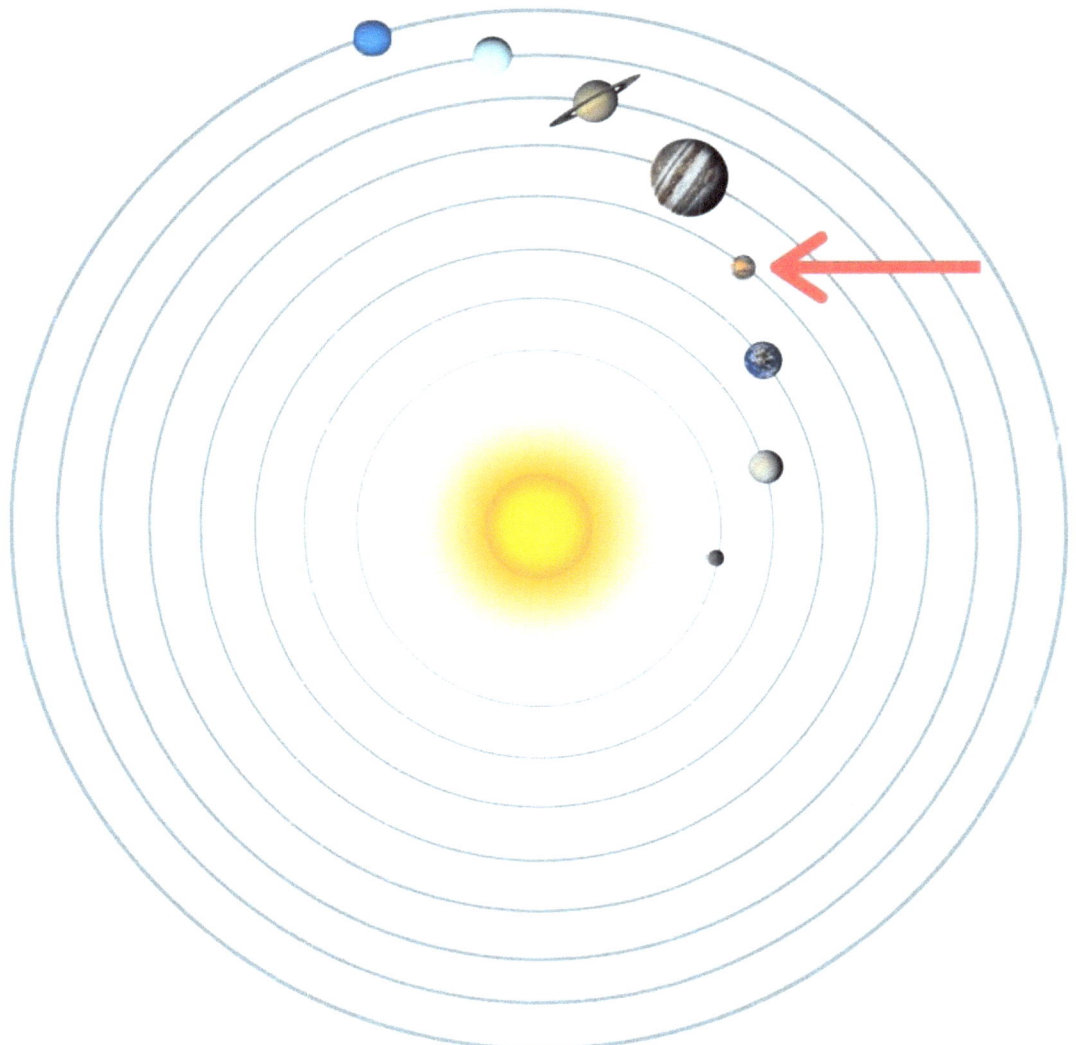

O **Planeta Marte**, também conhecido como "planeta vermelho", foi batizado em referência ao deus romano da guerra. Ele ocupa a quarta posição em relação ao sol, é o segundo menor planeta, porém possui o maior vulcão (já extinto) do sistema solar.

MARTE
PLANETA ROCHOSO

Massa: 6,417 × 10²³ kg   **Volume:** 1,631 × 10¹¹ km³
Diâmetro Equatorial: 6.792 km
Gravidade: 3,7 m/s²
Distância média do Sol: 227 milhões km (1,52 UA)
Rotação: 23h 56m   **Translação:** 365 dias
Temperatura média: -63ºC   **Mínima:** -143ºC   **Máxima:** 35ºC
Satélites Naturais: 2 (Fobos e Deimos)

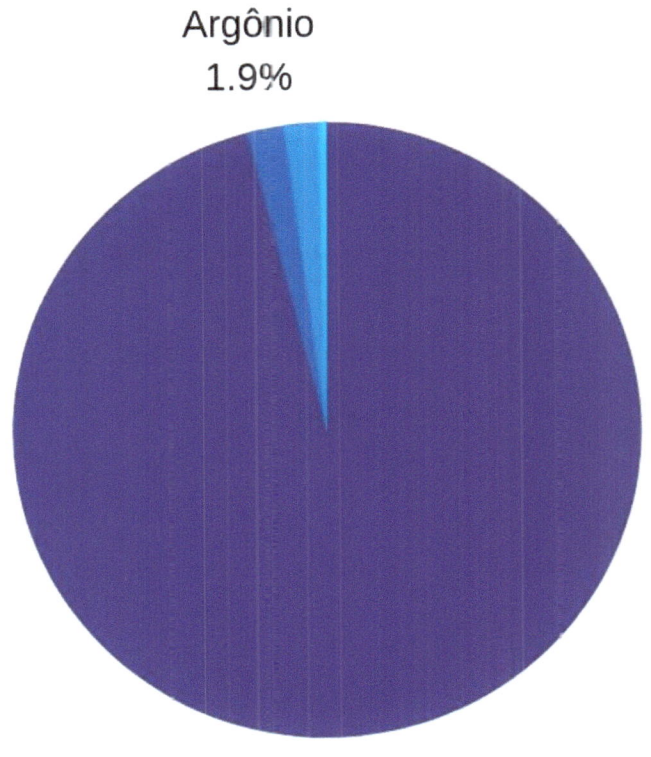

Marte tem uma atmosfera fina e uma pressão atmosférica muito baixa. É abundante em Dióxido de Carbono possuindo também alguns traços de outros elementos, como nitrogênio (1,8%) e oxigênio (0,1%).

ESTRUTURA DE MARTE

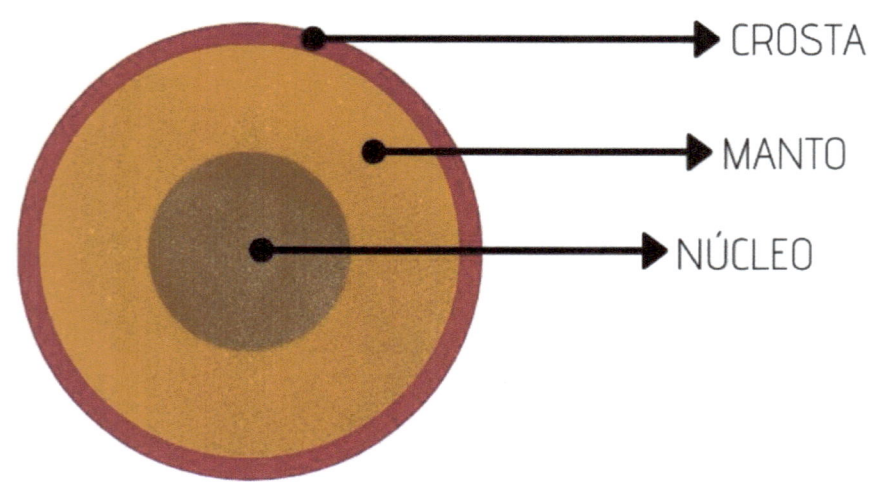

Crosta
A superfície é feita de rocha de Basalto, rica em ferro, silicato, oxigênio, magnésio, alumínio, potássio e cálcio.

Manto
Local feito de rocha sólida de Silicatos

Núcleo
Ferro, níquel e enxofre. Em estado parcialmente líquido por conta da presença de enxofre.

Planeta Júpiter

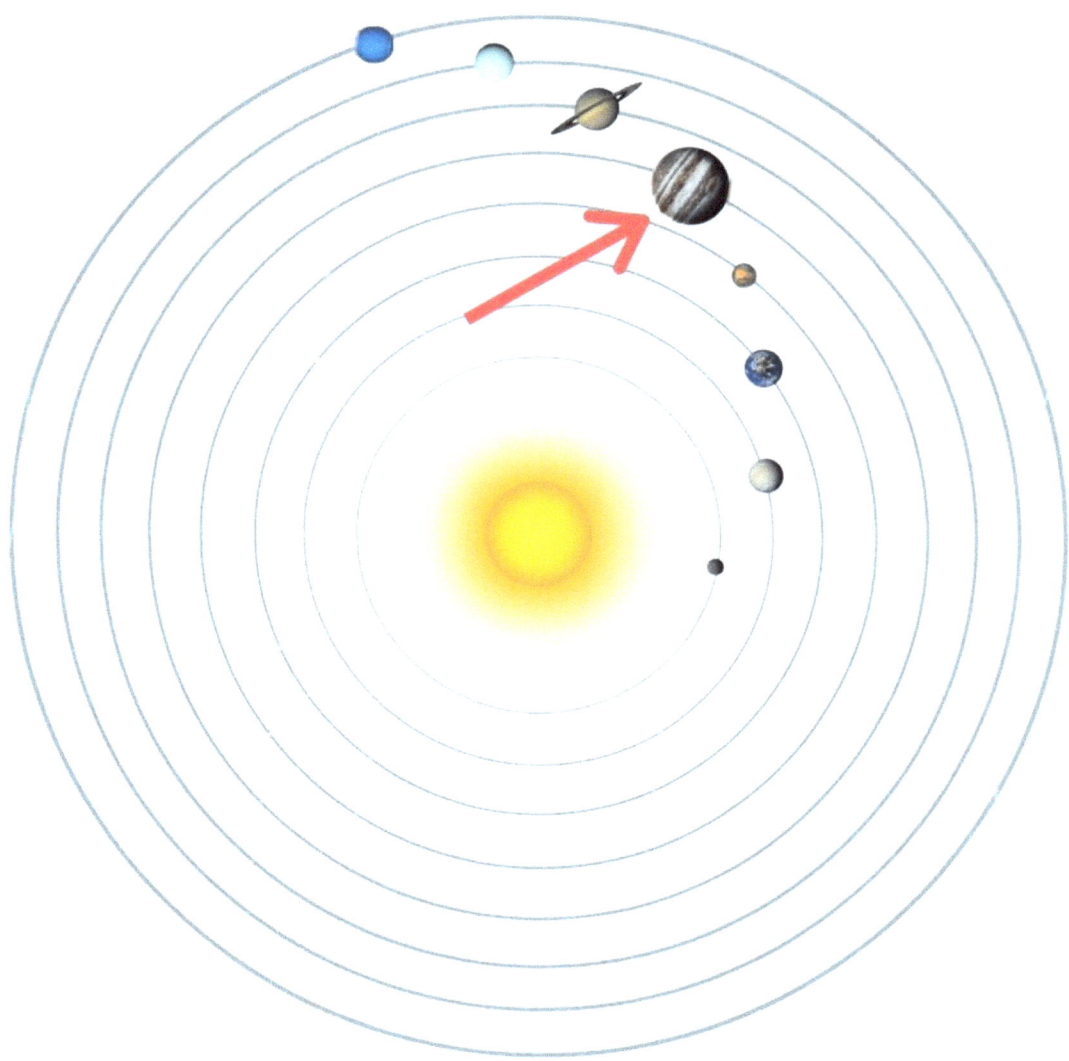

O **Planeta Júpiter** é o maior planeta do sistema, é o quarto astro observável a olho nu mais brilhante e ocupa a quinta posição em relação ao sol no sistema solar.

JÚPITER
PLANETA GASOSO

Massa: 1,898 × 10^{27} kg   **Volume:** 1,431 × 10^{15} km³
Diâmetro Equatorial: 142.984 km
Gravidade: 25 m/s²
Distância média do Sol: 778 milhões km (5,21 UA)
Rotação: 9h 55m   **Translação:** 11,9 anos
Temperatura média: -108ºC
Satélites Naturais: 79
(4 principais descobertas por Galileu; Ganimedes, Calisto, Io e Europa)

COMPOSIÇÃO ATMOSFÉRICA DE JÚPITER

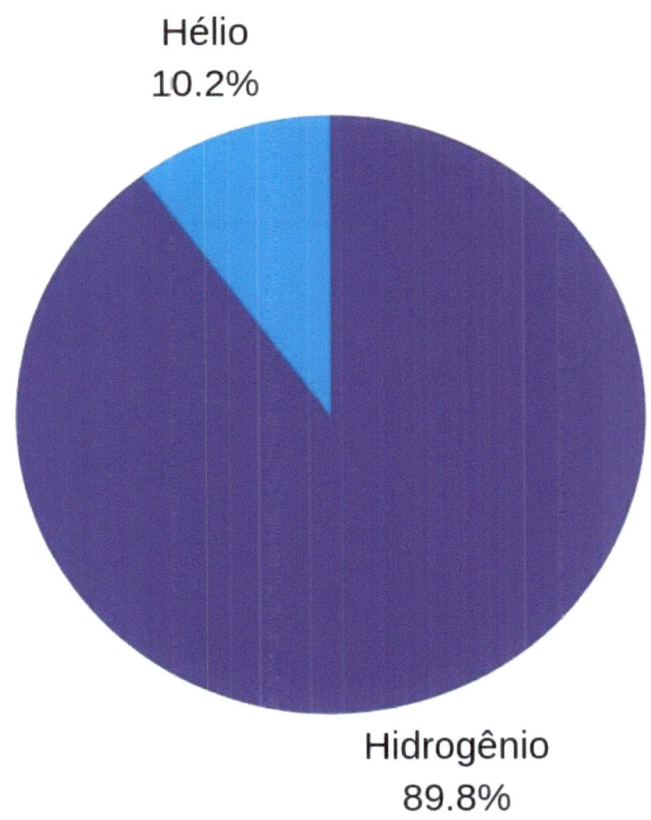

O planeta possui uma composição similar ao Sol, contendo também traços de metano (0,3%) e de outros elementos como amônia, fósforo e vapor d'água.

Sua rotação é a mais rápida dos planetas, produzindo ventos fortíssimos, grandes redemoinhos e uma série de faixas visivelmente notáveis.

Se Júpiter tivesse uma massa quinze vezes maior, a fusão nuclear seria possível, se tornando uma estrela anã marrom.

ESTRUTURA DE JÚPITER

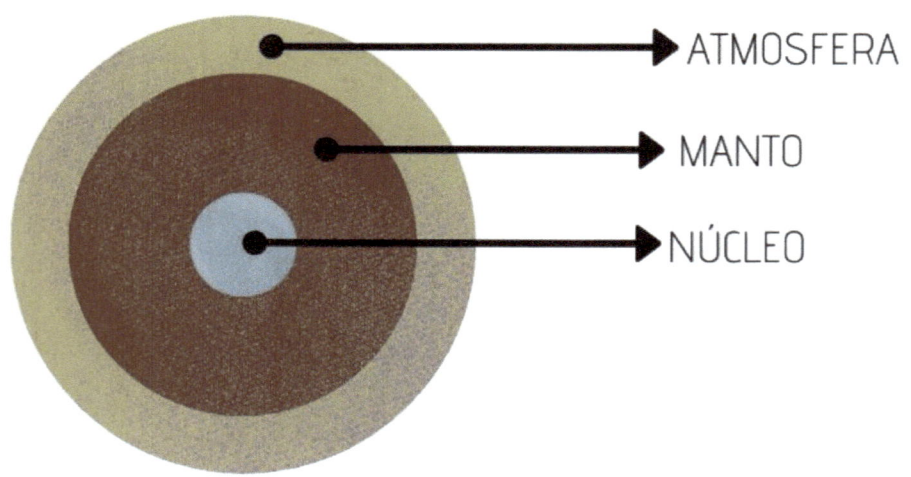

Atmosfera

Gases de hidrogênio e hélio entrando em estado líquido ao se aproximar do manto.

Manto

Local feito de hidrogênio e hélio metálico líquido devido a pressão.

Núcleo

Acredita-se que Júpiter tenha um núcleo sólido envolto do manto líquido devido a pressão.

Planeta Saturno

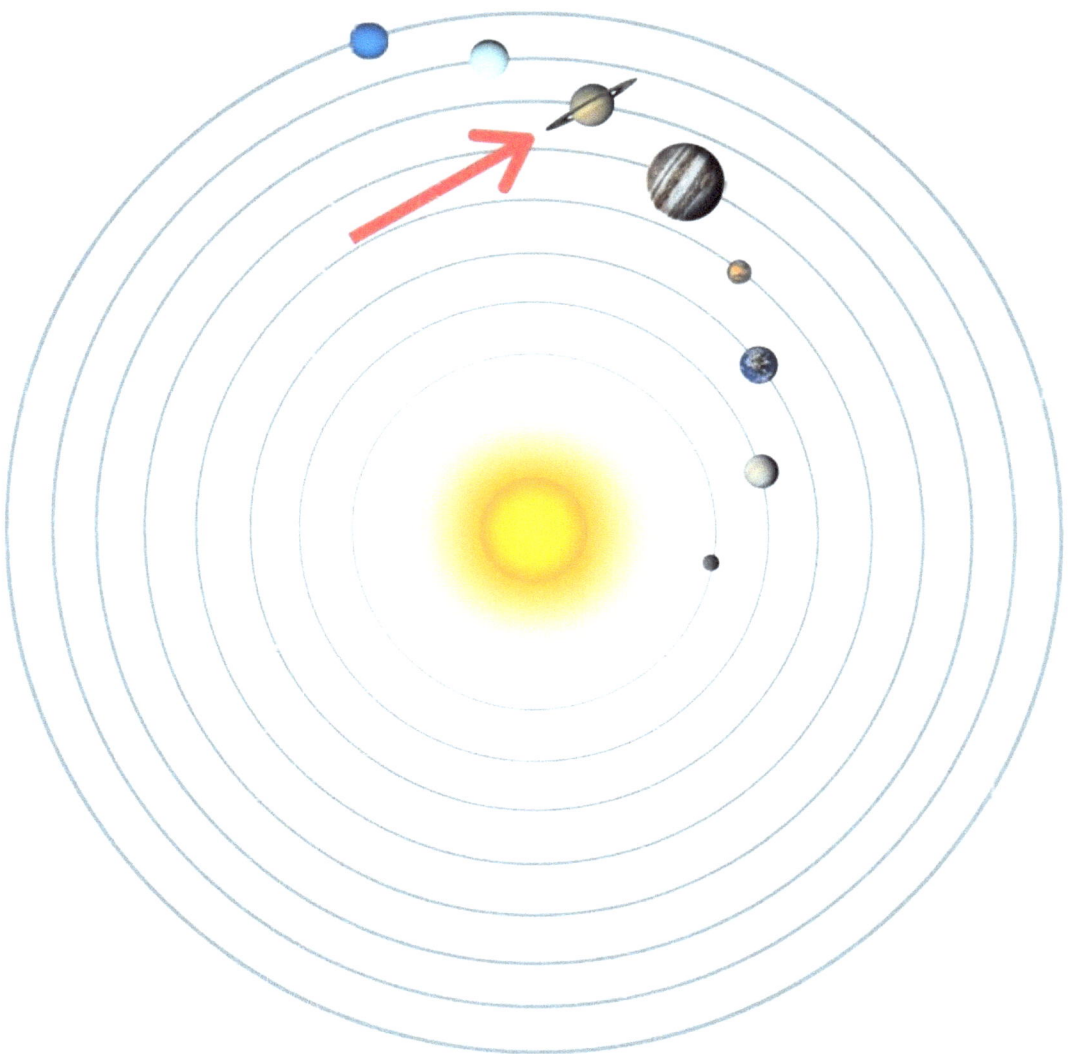

O **Planeta Saturno** é o segundo maior planeta e possui os maiores anéis do sistema, podendo ser visto a olho nu como um pequeno ponto amarelado. Ele ocupa a sexta posição em relação ao sol no sistema solar.

SATURNO
PLANETA GASOSO

Massa: 5,684 × 10^{26} kg   **Volume:** 8,271 × 10^{14} km³
Diâmetro Equatorial: 120.536 km
Gravidade: 10,4 m/s²
Distância média do Sol: 1,434 bilhão km (9,56 UA)
Rotação: 10h 39m   **Translação:** 29 anos
Temperatura média: -139ºC
Satélites Naturais: 62
(Principais; Encélado, Mimas, Reia, Titã, Jápeto, Dione, Tétis, Febe e Epimeteu)

COMPOSIÇÃO ATMOSFÉRICA DE SATURNO

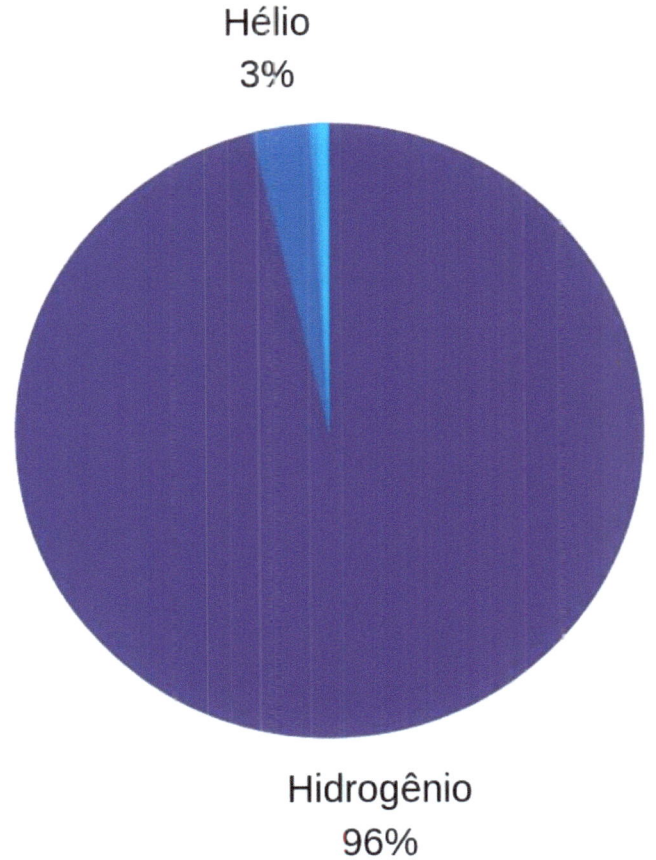

A atmosfera de Saturno assim como os demais gigantes gasoso, é composta primariamente por hidrogênio e hélio, havendo também traços de metano (0,4%) e outros elementos. Saturno é o planeta de menor densidade.

ESTRUTURA DE SATURNO

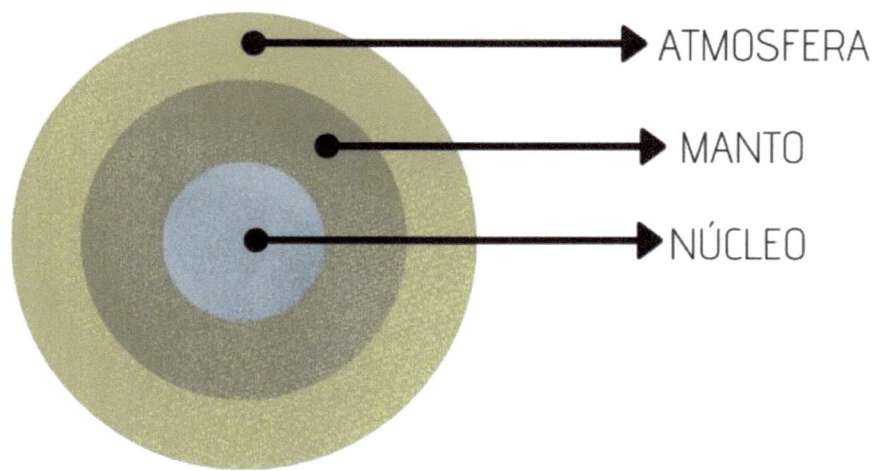

Atmosfera

Gases de hidrogênio e hélio entrando em estado líquido ao se aproximar do manto.

Manto

Local feito de hidrogênio metálico e hélio devido a pressão.

Núcleo

Saturno tem um núcleo sólido rochoso e com uma grande quantidade de ferro, com uma massa vinte vezes a da Terra sendo maior que o núcleo de Júpiter.

Planeta Urano

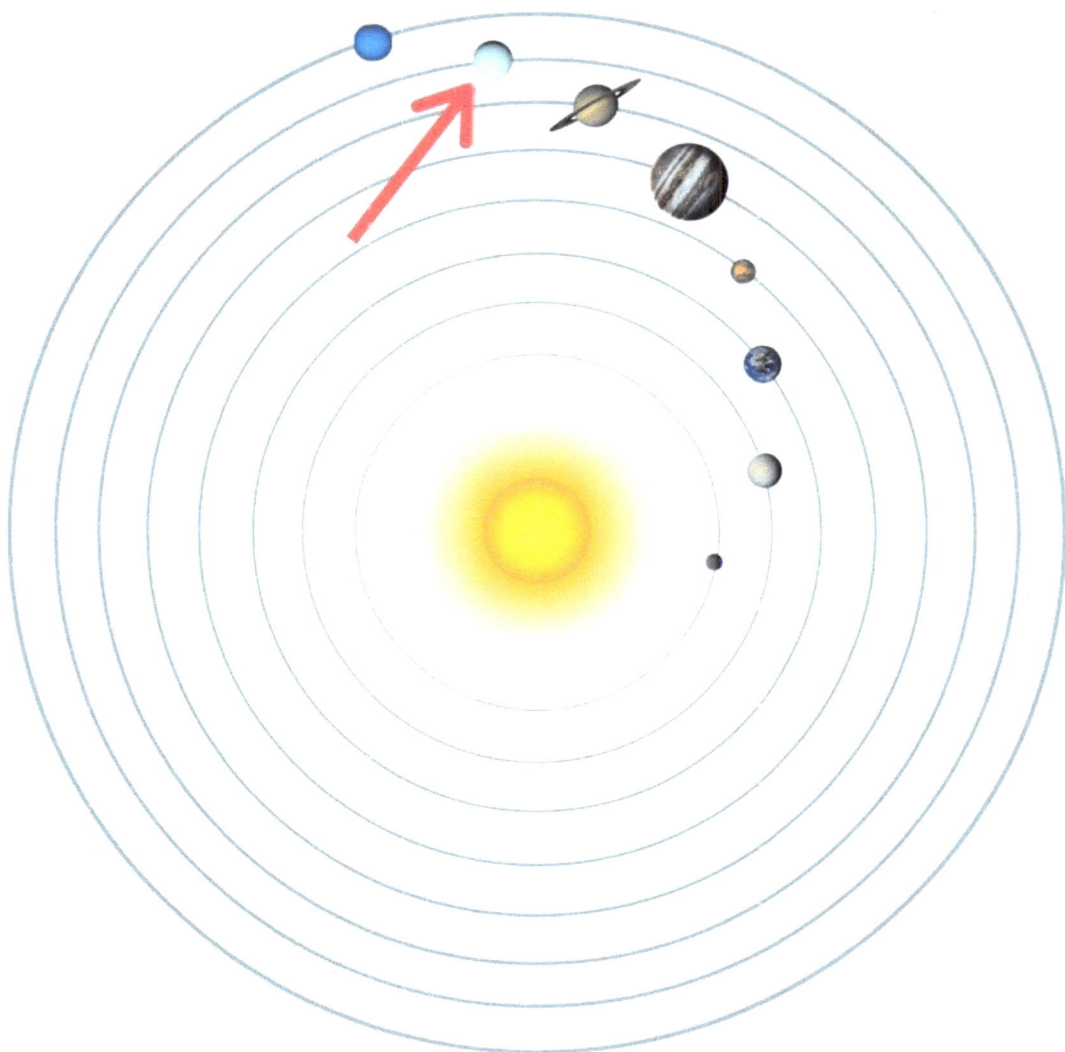

O **Planeta Urano** foi descoberto por William Herschel no ano de 1781, também foi o primeiro planeta a ser descoberto por observação em telescópio. Ele ocupa a sétima posição em relação ao sol e é o planeta mais frio do sistema solar.

URANO
PLANETA GASOSO

Massa: 8,681 × 10^{25} kg   **Volume:** 6,833 × 10^{13} km³
Diâmetro Equatorial: 51.118 km
Gravidade: 8,7 m/s²
Distância média do Sol: 2,871 bilhões km (19,2 UA)
Rotação: 17h 14m   **Translação:** 84 anos
Temperatura média: -220°C
Satélites Naturais: 27
(5 maiores; Ariel, Umbriel, Miranda, Titânia e Oberon)

COMPOSIÇÃO ATMOSFÉRICA DE URANO

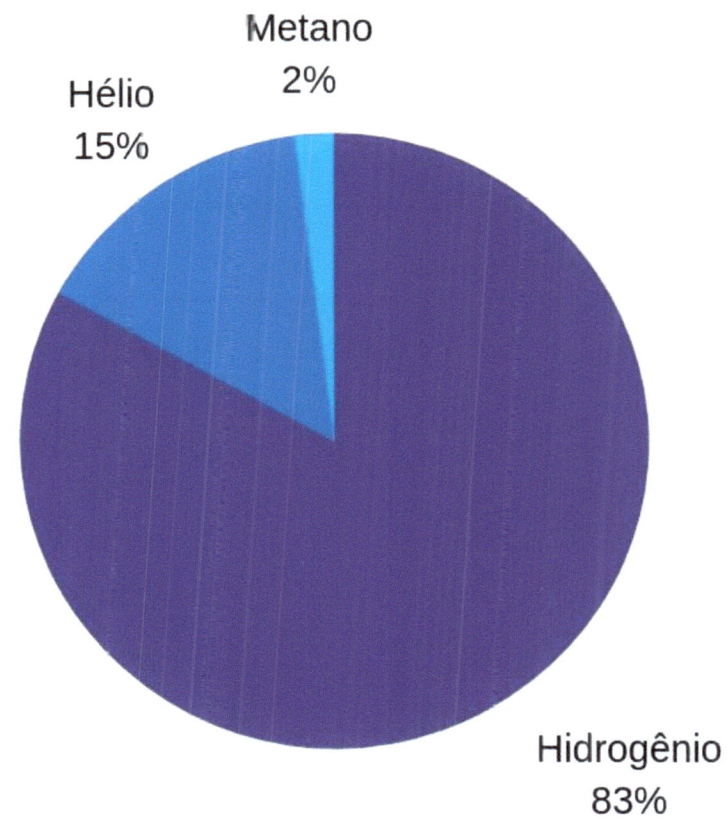

A atmosfera de Urano é composta primariamente por hidrogênio e hélio com traços de metano. Urano possui uma espessa camada congelada de água, amônia e metano abaixo da atmosfera.

ESTRUTURA DE URANO

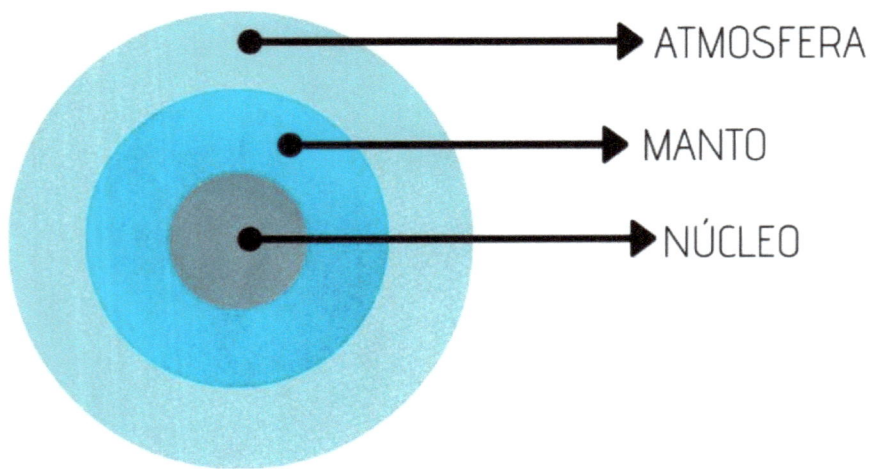

Atmosfera
Gases de hidrogênio, hélio e metano. Recebe a cor "Ciano" por causa da absorção da luz vermelha pelo metano.

Manto
Local feito de água, amônia e metano congelado. Local onde é gerado o campo magnético do planeta.

Núcleo
Núcleo sólido e rochoso feito de silicatos/ferro-níquel.

Planeta Netuno

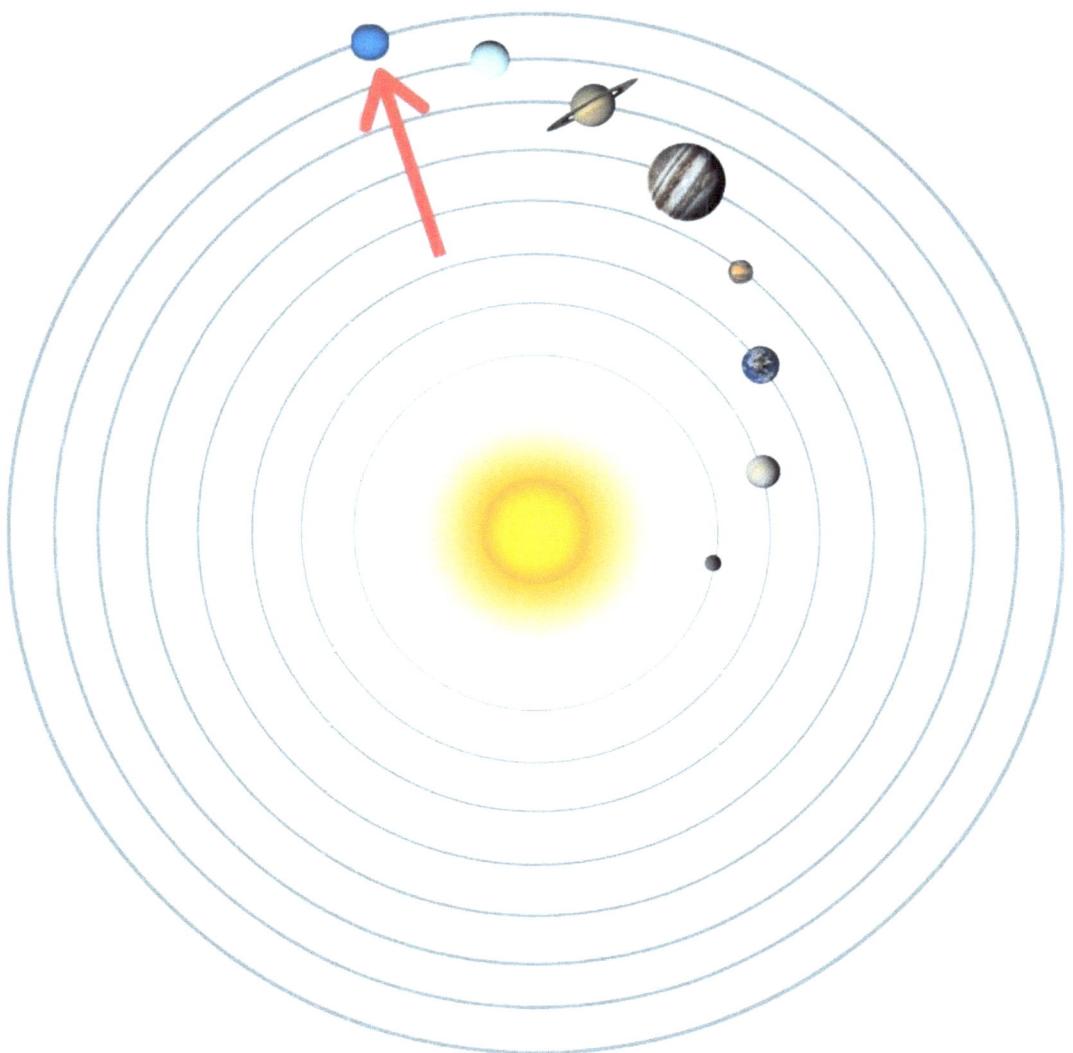

O **Planeta Netuno** foi o único planeta descoberto por meio de previsões matemáticas, então no ano de 1846 sua existência foi comprovada por observação. É o mais denso dos planetas gasosos e ocupa a oitava e última posição em relação ao sol no sistema solar.

NETUNO
PLANETA GASOSO

Massa: 1,024 × 10²⁶ kg   **Volume:** 6,254 × 10¹³ km³
Diâmetro Equatorial: 49.528 km
Gravidade: 11,2 m/s²
Distância média do Sol: 4,495 bilhões km (30,1 UA)
Rotação: 16h 06m   **Translação:** 165 anos
Temperatura média: -201°C
Satélites Naturais: 14
(Principais; Tritão, Proteu e Nereida)

COMPOSIÇÃO ATMOSFÉRICA DE NETUNO

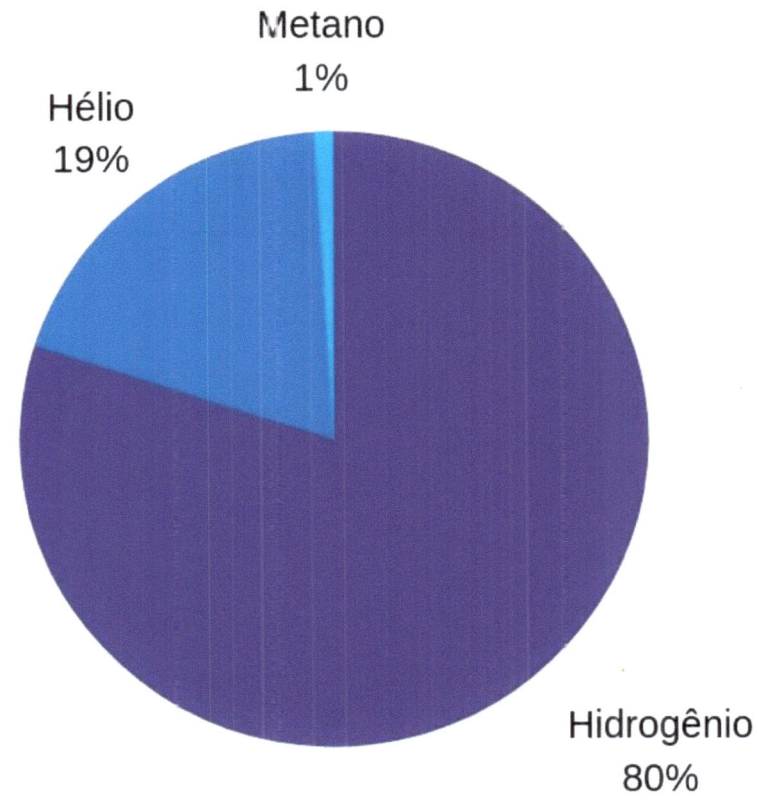

A atmosfera de Netuno é composta primariamente por hidrogênio e hélio com traços de metano. Netuno também possui uma espessa camada congelada de água, amônia e metano no manto.

ESTRUTURA DE NETUNO

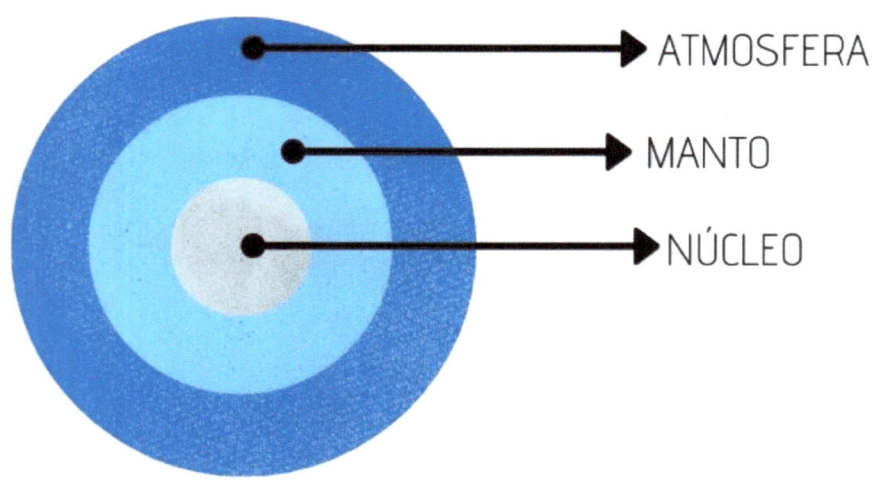

Atmosfera
Gases de hidrogênio, hélio e metano. Apesar de sua cor azul ser mais intensa que a de Urano, Netuno também possui uma quantidade de metano similar, realizando o mesmo processo de absorção da luz vermelha, mas por algum elemento desconhecido o planeta é mais azulado.

Manto
Local feito de água, amoníaco e hidrato de metano congelado. Local onde é gerado o campo magnético do planeta.

Núcleo
Núcleo sólido e rochoso feito de silicatos/ferro-níquel.

CAPÍTULO V
Outros Objetos do Sistema Solar

Planetas Anões

Os **planetas anões** são uma categoria de planetas cujas massas são muito pequenas, perdendo sua dominância gravitacional para suas luas. No sistema solar temos cinco planetas anões conhecidos, que são eles; Ceres, Plutão, Haumea, Makemake e Éris.

O termo "Planeta Anão" foi criado pela União Astronômica Internacional (UAI) no ano de 2006. A definição de um planeta anão de acordo com a UAI é a seguinte:

- → Esteja em órbita ao redor do Sol.
- → Tenha gravidade suficiente para superar as forças de corpos rígidos de maneira que tenha um formato esférico ou quase esférico, estando em equilíbrio hidrostático.
- → Não tenha um vizinhança orbital livre e sem obstáculos.
- → Não seja um satélite.

Tirando o planeta anão Ceres, todos os outros quatro ficam além da órbita de Netuno, sendo pertencentes ao grupo de corpos transnetunianos e também denominados de "plutoides".

Planeta Anão Ceres

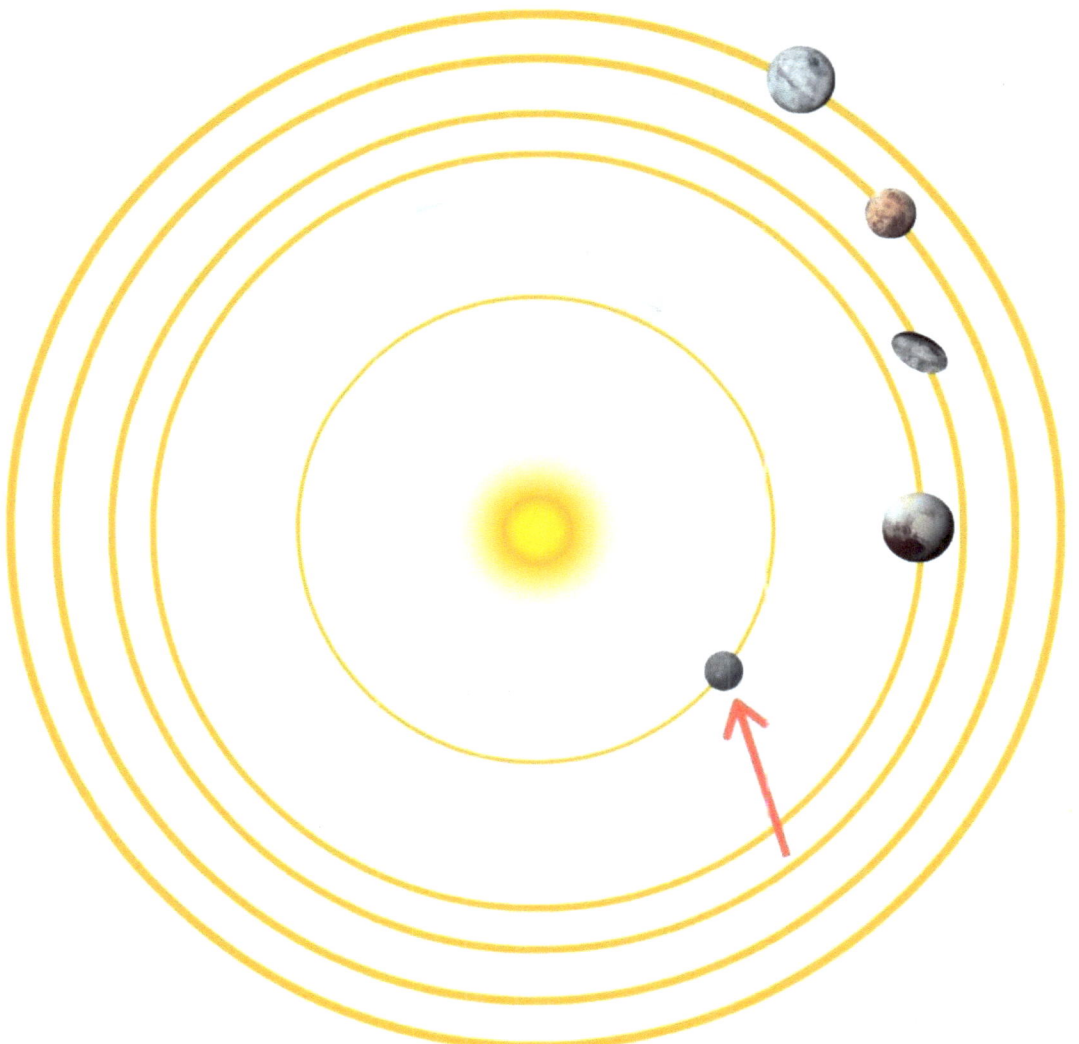

Ceres é um planeta anão localizado entre Marte e Júpiter, descoberto em 1801 por Giuseppe Piazzi. Ele ocupa a primeira posição de planetas anões em relação ao Sol.

CERES
PLANETA ANÃO

Massa: 9,5 × 10²⁰ kg
Diâmetro Equatorial: 974 km
Gravidade: 0,27 m/s²
Distância média do Sol: 415 milhões km (2,7 UA)
Rotação: 09h 04m   **Translação:** 4,6 anos
Temperatura média: -106°C
Satélites Naturais: 0

Planeta Anão Plutão

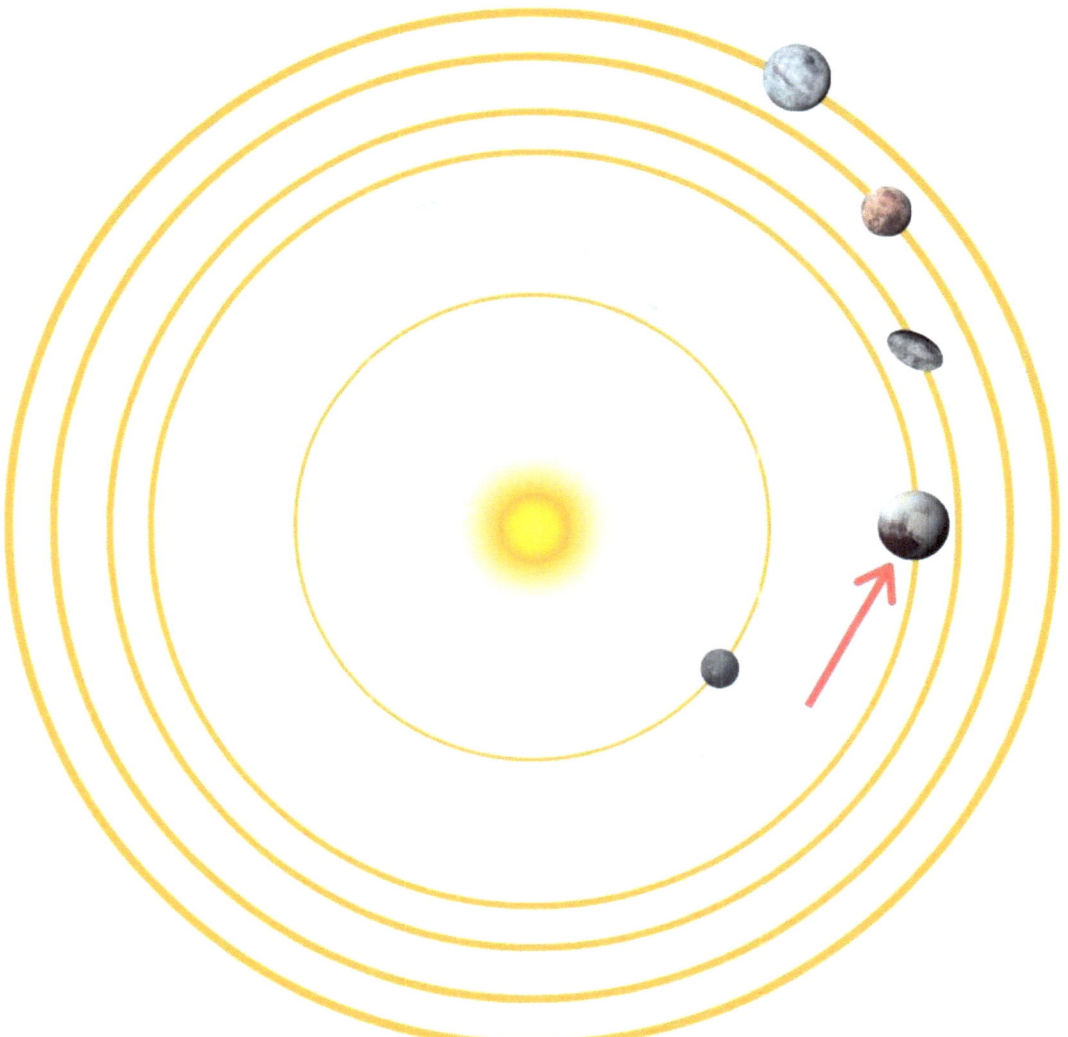

Plutão é um planeta anão localizado depois da órbita de Netuno, descoberto em 1930 por Clyde Tombaugh . Ele ocupa a segunda posição de planetas anões em relação ao Sol.

PLUTÃO
PLANETA ANÃO

Massa: 1,31 × 10^{22} kg
Diâmetro Equatorial: 2.374 km
Gravidade: 0,66 m/s²
Distância média do Sol: 5,9 bilhões km (40,7 UA)
Rotação: 6.4 dias   **Translação:** 248 anos
Temperatura média: -229ºC
Satélites Naturais: 5
(Caronte, Nix, Hidra, Cérbero e Estige)

Planeta Anão Haumea

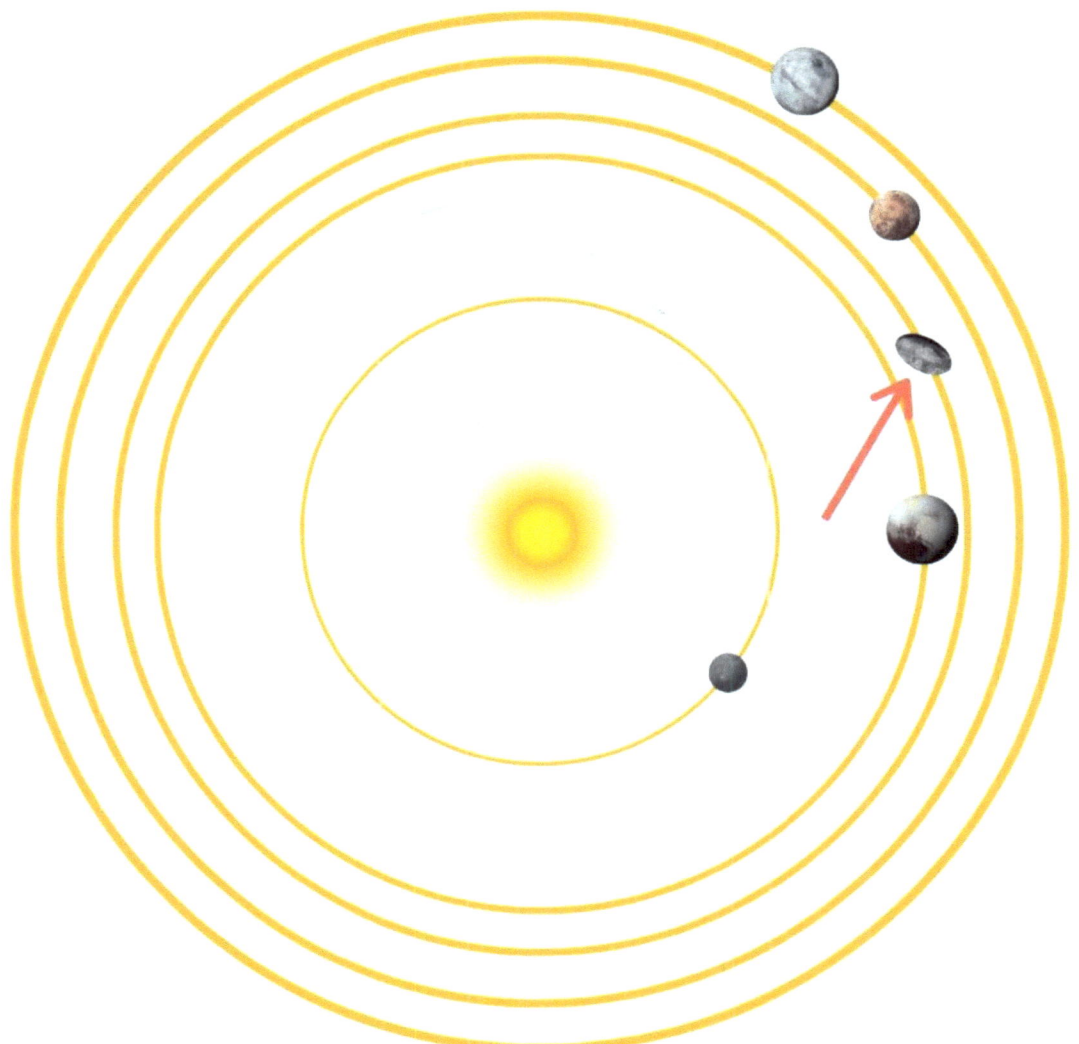

Haumea é um planeta anão localizado depois da órbita de Plutão, descoberto em 2004 por alguns astrofísicos . Ele ocupa a terceira posição de planetas anões em relação ao Sol.

HAUMEA
PLANETA ANÃO

Massa: 3,4 × 10²¹ kg
Diâmetro Equatorial: 1.739 km
Gravidade: 0,44 m/s²
Distância média do Sol: 6,6 bilhões km (44 UA)
Rotação: 03h 54m   **Translação:** 283 anos
Temperatura média: -223°C
Satélites Naturais: 2
(Hi'iaka e Namaka)

Planeta Anão Makemake

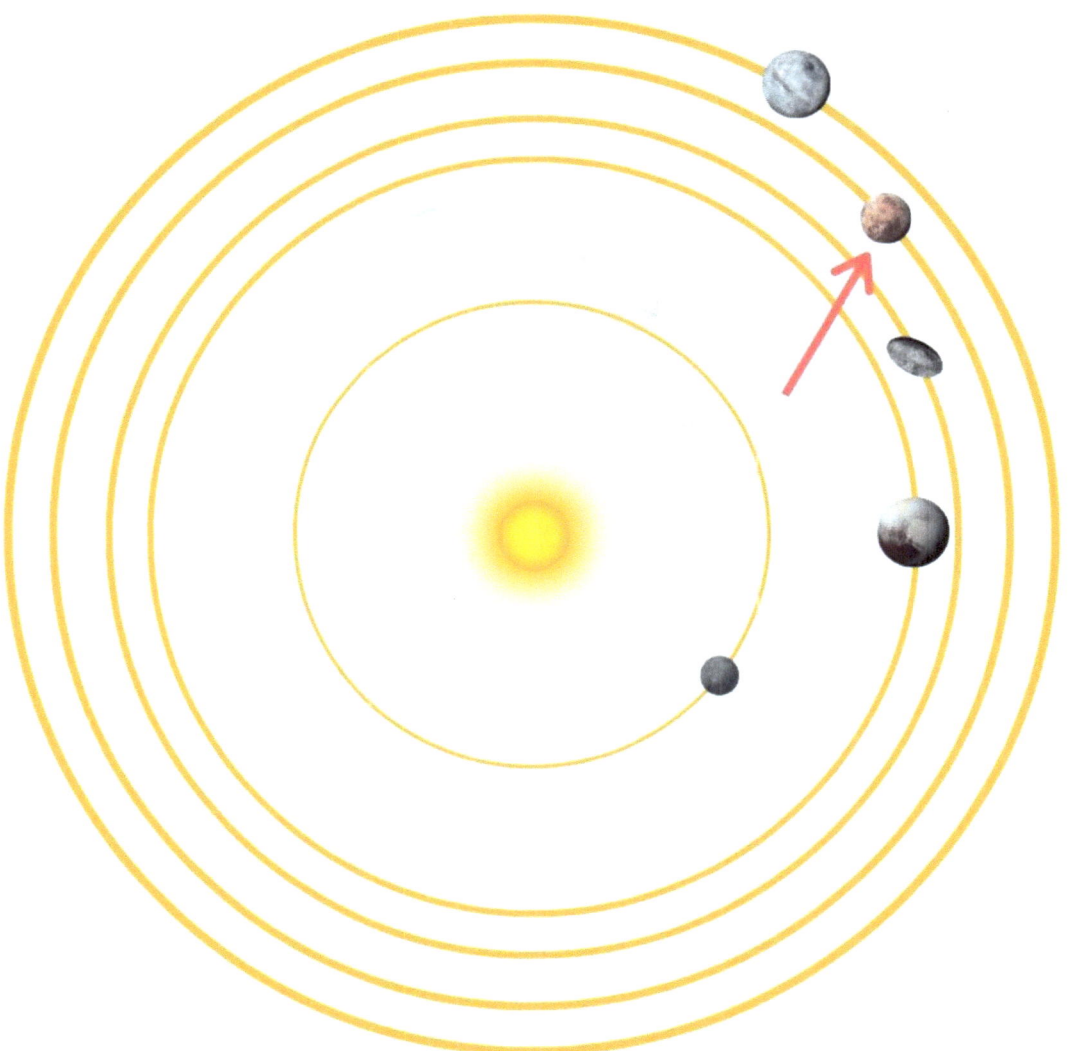

Makemake é um planeta anão localizado depois da órbita de Haumea, descoberto em 2005 no Observatório Palomar. Ele ocupa a quarta posição de planetas anões em relação ao Sol.

MAKEMAKE
PLANETA ANÃO

Massa: 3×10^{21} kg
Diâmetro Equatorial: 1.430 km
Distância média do Sol: 6,7 bilhões km (45,6 UA)
Distância periélio: 5,7 bilhões km   **Distância afélio:** 7,9 bilhões km
Rotação: 07h 46m   **Translação:** 310 anos
Temperatura média: -243ºC
Satélites Naturais: 1(MK 2)

Planeta Anão Éris

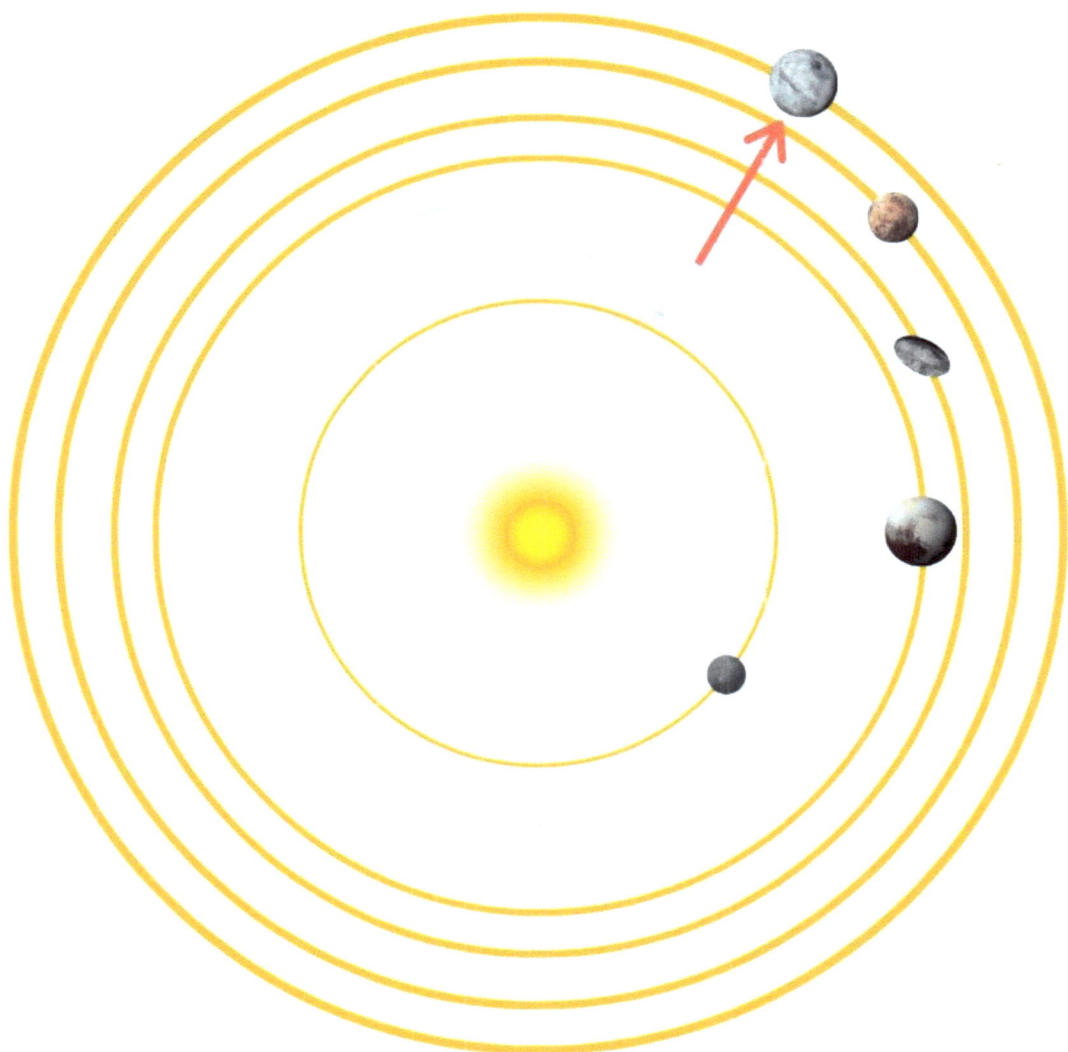

Eris é um planeta anão localizado depois da órbita de Makemake, descoberto em 2005. Ele ocupa a quinta posição de planetas anões em relação ao Sol.

ÉRIS
PLANETA ANÃO

Massa: 1.6 × 10²² kg
Diâmetro Equatorial: 2.326 km
Gravidade: 0,83 m/s²
Distância média do Sol: 1 trilhão km (67,6 UA)
Distância periélio: 5,5 bilhões km   **Distância afélio:** 1,4 trilhão km
Rotação: 1.08 dias   **Translação:** 560 anos
Temperatura média: -243ºC
Satélites Naturais: 1(Dysnomia)

Cometas

O **cometa** é um corpo celeste menor cujo a sua órbita é elíptica e irregular. Ao ter uma aproximação do sol passa a exibir uma atmosfera difusa, chamada de "coma". Muitas vezes por conta do vento e da radiação solar, estes cometas apresentam uma cauda.

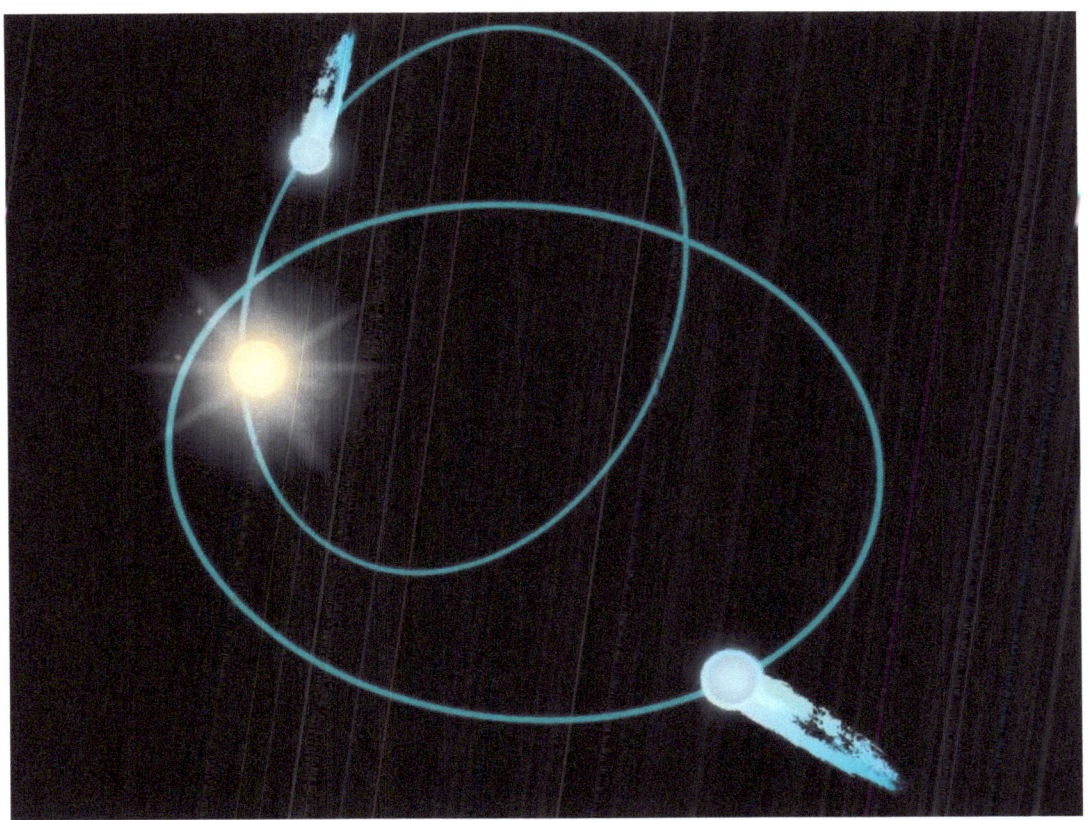

Um exemplo disso é o **Cometa Halley**, observado por astrônomos desde 240 a.C. Halley ou 1P/Halley, é um cometa periódico, visível na Terra a olho nu a cada 74-79 anos. Sua última visita foi em 1986 e retornará em 2061.

Classificação dos Cometas

→ **Periódico:** Cometas que possuem órbitas elípticas alongadas com período orbital inferior a 200 anos.

→ **Não periódico:** Cometas que foram vistos apenas 1 vez com órbitas parabólicas de períodos milenares que podem ou não retornar ao sistema.

→ **Extinto:** Cometas que já foram extintos por impactos em outros astros ou desintegrados pela radiação solar.

As suas órbitas possuem grandes variações de períodos, chegando até milhares de anos. Acredita-se que alguns cometas passaram apenas uma vez e foram arremessados para fora do sistema solar através de um impulso gravitacional do Sol.

Os cometas possuem uma estrutura dividida em três partes; **núcleo**, **cabeleira** e **cauda**. O núcleo é composto por gelo e pequenas rochas, podendo variar de centenas a milhares de metros. Ao se aproximar do Sol sua estrutura vai vaporizando e criando uma espécie de "cauda" devido a radiação solar.

Asteróides

Os **asteróides** são corpos menores do sistema solar, composto por material rochoso e metálico com órbita definida ao redor do sol. Geralmente os asteróides possuem cerca de centenas de quilômetros podendo ter até satélites naturais.

Meteoróides

Os **meteoróides** são corpos rochosos que possuem dimensões menores que os asteróides, podendo ter várias origens e composições.

Meteoros

Os **meteoros** são um tipo de estágio dos meteoróides que acontece ao entrarem em contato com a atmosfera terrestre, sofrendo atrito e liberando luz e calor até sua desfragmentação total ainda no ar.

Meteoritos

Os **meteoritos** são meteoros que conseguiram tocar o solo sem sofrer desfragmentação total.

Cinturões

CINTURÃO DE ASTERÓIDES

O **cinturão de asteróides** é uma região orbital circular no sistema solar entre Marte e Júpiter, composto por uma infinidade de objetos de formas irregulares chamados de *asteróides*. Alguns grupos de asteróides se desprendem dessa região devido às forças gravitacionais externas, e se agrupam em uma órbita planetária, estes denominam-se de *asteróides troianos*. Os quatro maiores objetos dentro do cinturão de asteróides possuem mais da metade da massa total da região, que são eles; Ceres (único planeta anão no local), Vesta, Palas e Hígia (asteróides).

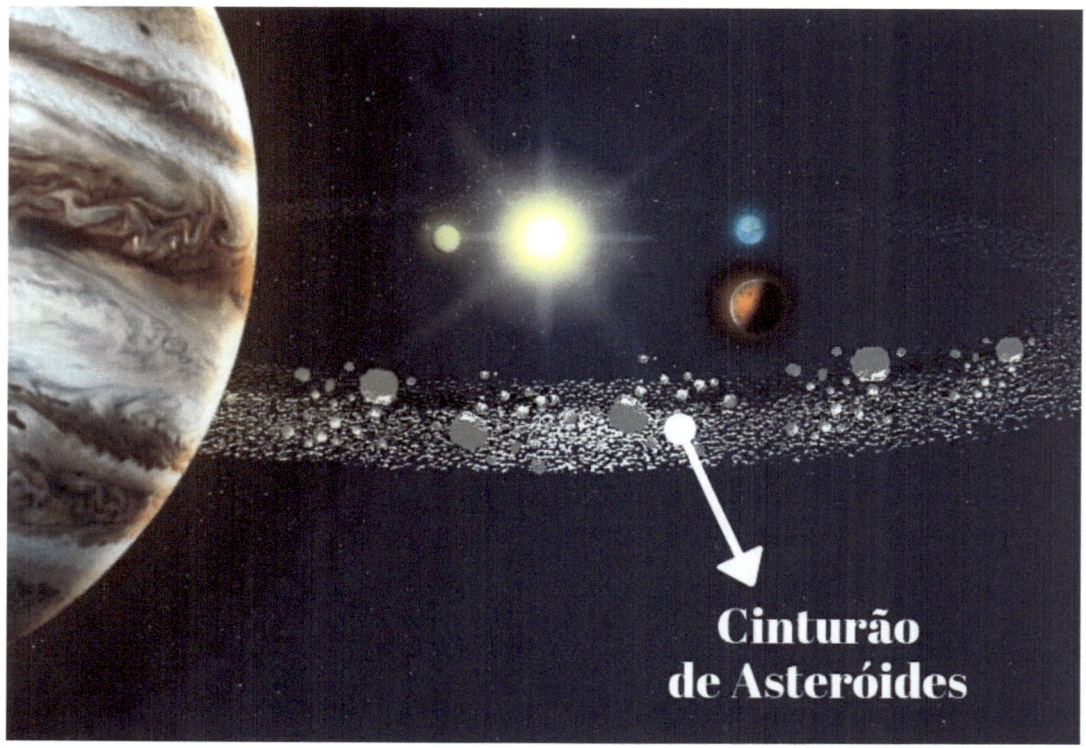

Cinturão de Kuiper

O **cinturão de Kuiper** é uma região do sistema solar formada por milhares de corpos menores transnetunianos de uma composição similar aos cometas, contendo metano, amônia e água congelado. A área fica em uma distância de 30 a 50 UA do Sol. Os objetos no cinturão de Kuiper podem variar de 100 a 1000 km e são denominados de KBOs (Kuiper Belt Object)

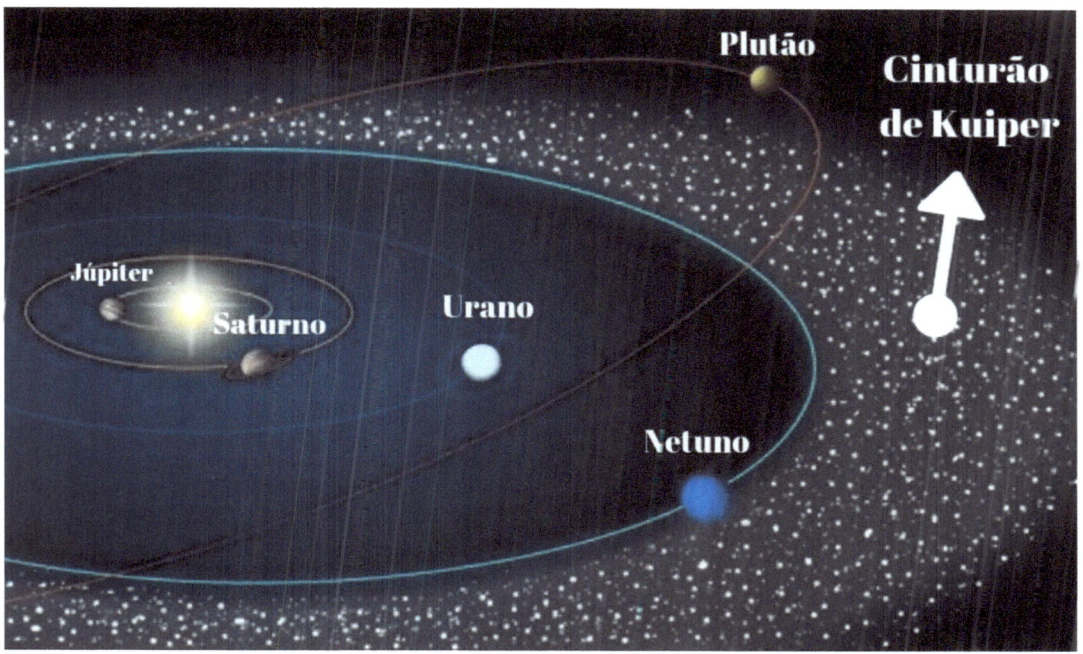

CAPÍTULO VI
Objetos do Universo

Estrelas

As **estrelas** são gigantescas esferas de plasmas compostas primariamente por hidrogênio e hélio. O que mantém uma estrela em seu estado plasmático e esférico é principalmente a força da gravidade, fazendo os átomos se comprimirem e realizarem a fusão nuclear através da força nuclear forte.

Fusão Nuclear

A **fusão nuclear** é a combinação de átomos mais leves para formar um átomo mais pesado. No caso das estrelas os átomos de hidrogênio (H) se fundem entre si formando átomos de hélio (He) liberando energia.

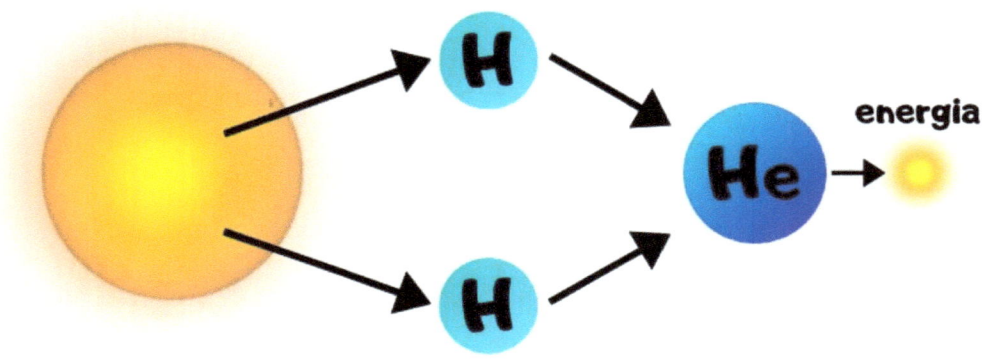

Formação Das Estrelas

Estima-se que a formação das estrelas teve seu início 200 milhões de anos em média após o Big Bang. As nuvens de gases formadas por poeira e principalmente por hidrogênio, que é o elemento mais abundante do universo, se unem e começam a se aglomerar, formando esferas e por fim atingindo a massa mínima para realizar a fusão nuclear.

Planetas

Um **planeta** é um corpo celeste que orbita uma estrela, com massa suficiente para se manter esférico através da força gravitacional.

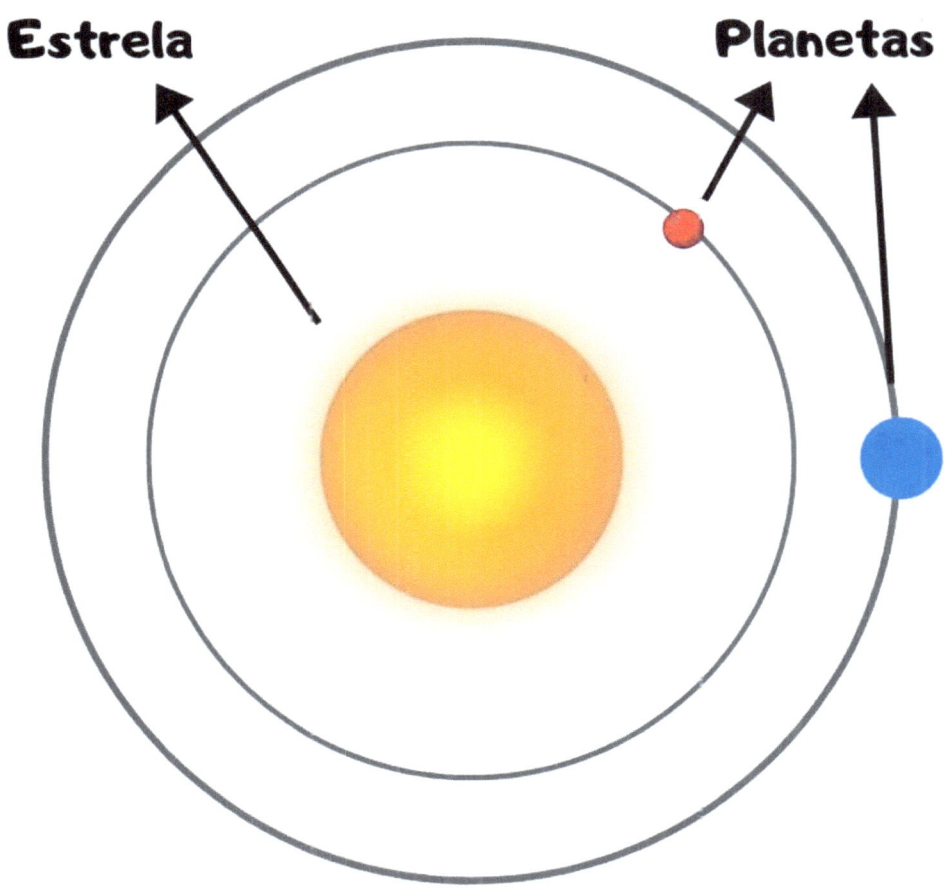

Formação Dos Planetas

Quando uma estrela nasce através de uma nuvem de gás e poeira, todo o material que sobra dessa nuvem começa orbitar a estrela formando uma espécie de disco. Os materiais deste disco começam a se chocar e se aglomerar formando corpos cada vez maiores, levando até bilhões de anos para a formação de planetas rochosos ou gasosos.

(Imagem ilustrando a formação de uma estrela e planetas em um sistema estelar)

Satélites Naturais

Os **satélites naturais** são corpos celestes menores que orbitam corpos celestes maiores, desde asteróides, planetas anões e planetas.

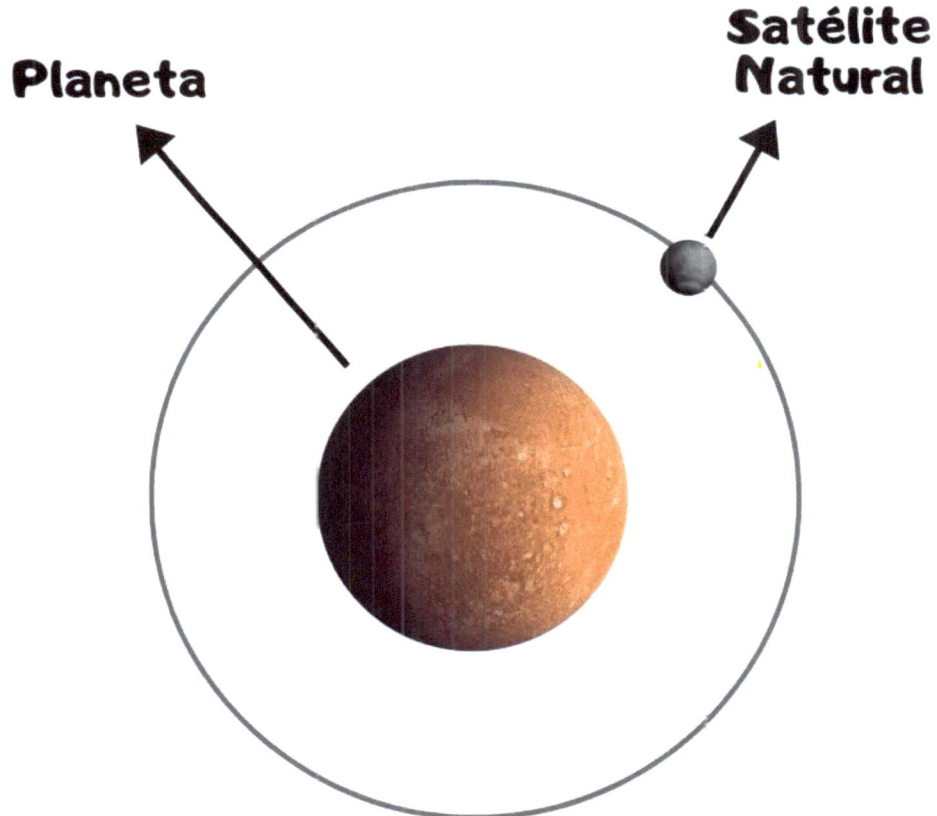

O termo "satélite natural" geralmente refere-se a "luas", mas é possível usar o termo para diversos objeto capturado pela gravidade de um corpo maior.

Formação Dos Satélites

A origem dos satélites naturais podem ser divididas em três formas, que são elas; *Formação simultânea, captura e processo catastrófico*.

A **formação simultânea** é definida quando os corpos celestes, satélites naturais e planetas, se formam juntos portando a mesma composição. A fase de formação dos satélites é chamada de "acreção", e nessa fase ele já está em órbita do planeta principal.

A **captura** é definida quando um corpo menor é desviado de sua órbita inicial por influência gravitacional de um planeta, passando a orbitar o mesmo. A captura acontece muitas vezes com asteróides que se prendem às órbitas planetárias.

O **processo catastrófico** é definido quando há um eventual impacto entre corpos planetários, dando início a um sistema de satélites e planetas.

Galáxias

Uma **galáxia** é um aglomerado notável de estrelas, remanescentes de estrelas, gases e poeiras gravitacionalmente ligados em órbita do centro de massa. As galáxias podem variar desde anãs, com até dez milhões de estrelas e as gigantes com cem trilhões de estrelas em média.

(Imagem da internet mostrando uma galáxia)

Tipos de Galáxias

Existem três principais tipos de galáxias, que são elas; elípticas, espirais e irregulares.

A definição mais detalhadas dessas galáxias foi dada pela classificação de Hubble, se baseando na aparência das mesmas:

*"**E**" para elípticas, "**S**" para espirais e "**SB**" para espirais barradas*

(Imagem da internet representando a classificação de Hubble)

As **galáxias elípticas** são definidas por sua forma elíptica, podendo variar de *E0* (forma quase esférica) a *E7* (forma mais alongada). Esse tipo de galáxia possui uma presença mais baixa de material interestelar amenizando a formação de novas estrelas, sendo composta principalmente por estrelas mais antigas que orbitam em sentidos aleatórios.

As **galáxias espirais** são definidas pelo seu formato de "disco" giratório, com braços que se estendem desde o centro até as extremidades da galáxia. São identificadas pelo tipo *S*, seguida de alguma letra, exemplo; galáxias do tipo *Sc* tem um centro menor e braços mais definidos.

Imagens de Galáxias elípticas

(Imagens da internet mostrando galáxias elípticas)

Imagens de Galáxias espirais

(Imagens da internet mostrando galáxias espirais)

A Via Láctea

A **Via Láctea** é a galáxia na qual o sistema solar onde vivemos faz parte, uma galáxia espiral originada há cerca de 13 bilhões de anos. Ela possui em média pelo menos duzentas bilhões de estrelas, um diâmetro de cem mil anos-luz e abriga em seu centro um buraco negro supermassivo chamado de *Sagittarius A**. A Via Láctea em sua grande parte é toda aquela "faixa" de nuvem estelar que se estende cortando o céu, razoavelmente visível onde tem poluição luminosa. Todos os objetos visíveis a olho nu provêm da via láctea, com poucas exceções.

(Imagem da internet mostrado a Via Láctea)

A galáxia mais próxima da via láctea é a **galáxia de Andrômeda**, que fica numa distância de 2,5 milhões de anos-luz. Andrômeda também é uma galáxia espiral e possui o dobro do tamanho da Via Láctea, com duzentos e vinte mil anos-luz de diâmetro.

(Imagem da internet mostrando a galáxia de Andrômeda)

Buracos Negros

Os **buracos negros** são um dos corpos celestes conhecidos mais massivos que existem no universo. De acordo com a teoria da relatividade de Einstein, são descritos como uma região no espaço-tempo cuja a gravidade é tão intensa que nem mesmo os fótons conseguem escapar de sua força, ou seja, sua velocidade de escape é superior à velocidade da luz.

A primeira foto de um buraco negro foi feita no ano de 2019, por oito rádios telescópios espalhados pelo mundo, o projeto *Event Horizon Telescope*. A imagem foi revelada em abril pela *National Science Foundation*:

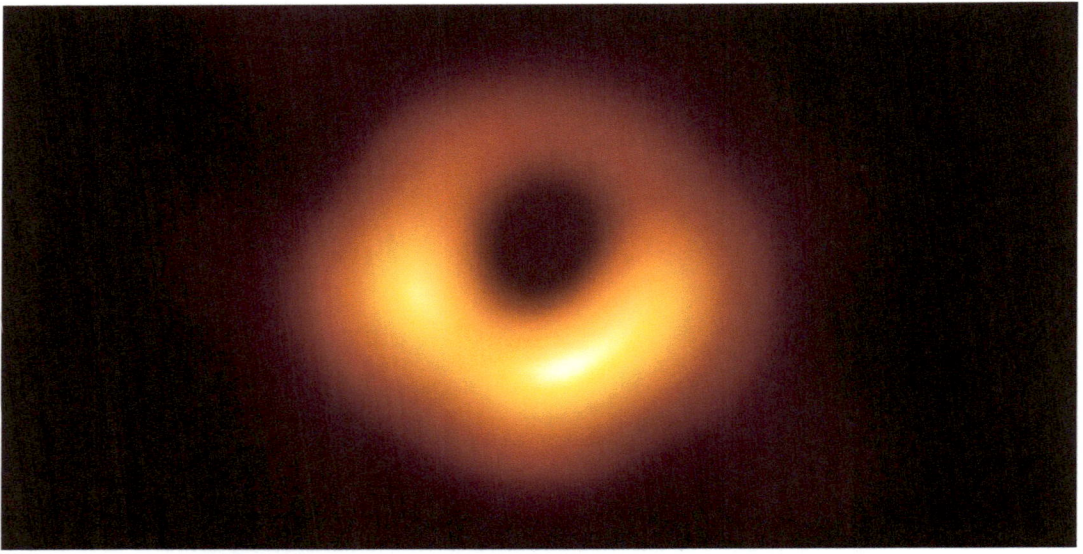

(Imagem da internet mostrando a foto de um buraco negro. Por: Event Horizon Telescope Collaboration)

O buraco negro da imagem está localizado no centro da galáxia Messier 87, cerca de cinco milhões de anos-luz da Terra. Sua massa corresponde a 6,5 bilhões de sóis.

FORMAÇÃO

Um buraco negro se forma quando uma estrela supermassiva morre, após o fim de seu combustível. Isso faz com que seu núcleo encolha concentrando toda a massa em um único ponto bem menor, causando uma perturbação gravitacional e começando a engolir tudo que estiver próximo.

(Imagem da internet ilustrando um Buraco negro em formação)

Estrutura do buraco negro

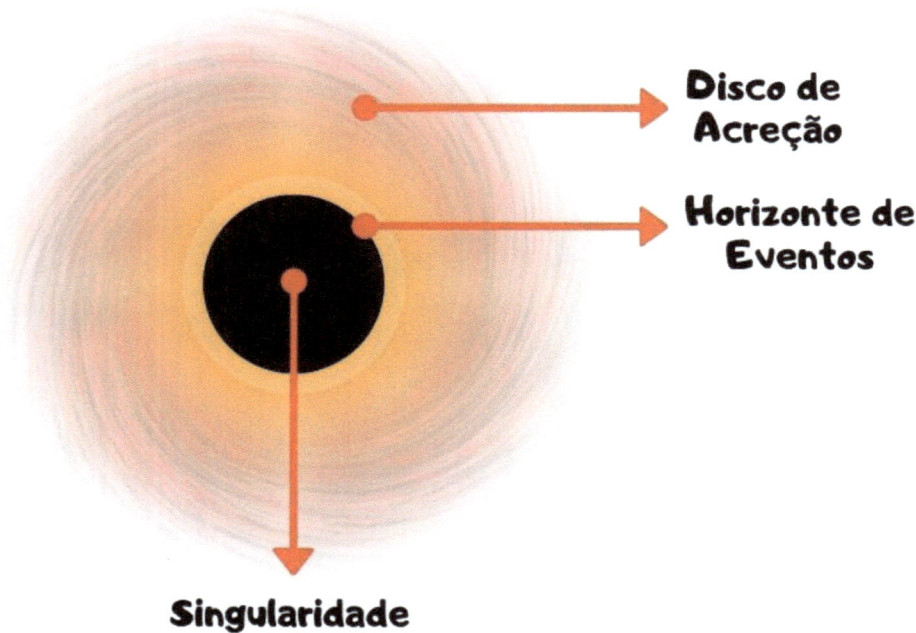

O **disco de acreção** é uma nuvem de gás superaquecida que orbita o buraco negro numa velocidade extrema, produzindo radiação eletromagnética (Infravermelho, ultravioleta e raios-X).

O **horizonte de eventos** é o local entre a singularidade e a ergosfera (extremo interior do disco de acreção). Lá a nuvem de gás gira próxima à velocidade da luz. Qualquer matéria ou energia que chegar neste ponto não consegue escapar da força gravitacional.

A **singularidade** é o ponto central de um buraco negro, onde a matéria é colapsada numa região de densidade infinita.

Nebulosas

As **nebulosas** são nuvens de poeira, hidrogênio, hélio e plasma, espalhadas em grandes quantidade numa vasta região do espaço, algumas chegando a ser maiores até que galáxias inteiras.

(Imagem da NASA mostrando os "Pilares da Criação", na nebulosa de Águia)

Tipos De Nebulosas

Basicamente existem quatro tipos de nebulosas, que são eles; *nebulosas de emissão*, *nebulosas de reflexão*, *nebulosas planetárias* e *nebulosas escuras*.

Nas **nebulosas de emissão**, os átomos são energizados por luz ultravioleta emitida através de estrelas próximas. As nebulosas de emissão geralmente são vermelhas, devido ao hidrogênio.

(Imagem da internet mostrando uma nebulosa de emissão)

Nas **nebulosas de reflexão**, as nuvens de poeira simplesmente refletem a luz vindo das estrelas. Esse tipo de nebulosa tem coloração azul e geralmente é vista junto com nebulosas de emissão.

(Imagem da internet mostrando uma nebulosa de reflexão,

Nas **nebulosas planetárias**, uma estrela central expele um material que é iluminado pela mesma, podendo se observar um espectro de emissão.

(Imagem da internet mostrando uma nebulosa planetária)

Nas **nebulosas escuras**, as nuvens de poeiras bloqueiam quase que totalmente a luz das estrelas que passam por elas, são identificadas pela região em sua volta, que fica mais iluminado. Esse tipo de nebulosa pode estar ligada à regiões que ocorrem formações estelares.

(Imagem da internet mostrando uma nebulosa escura)

CAPÍTULO VII
A Vizinhança do Sistema Solar

Sistemas Estelares Próximos

Assim como a nossa estrela central (Sol), outras estrelas também possuem seus sistemas planetários próprios, com planetas, luas, asteróides e até mesmo estrelas, como um sistema binário. Um sistema estelar binário não é raro no universo, pelo contrário, é tão comum que o sistema de *Alpha Centauri*, que é o sistema estelar mais próximo do nosso, é composto por três estrelas. Além de Alpha Centauri, outros sistemas estão nas intermediações, que são eles:

➜ *Alpha Centauri*
➜ *Estrela de Barnard*
➜ *Luhman 16*
➜ *Wise 0855-0714*
➜ *Wolf 359*
➜ *Lalande 21185*
➜ *Sirius*
➜ *Luyten 726-8*
➜ *Ross 154*
➜ *Ross 248*
➜ *Epsilon Eridani*
➜ *Lacaille 9352*
➜ *Ross 128*
➜ *EZ Aquarii*
➜ *Procyon*

ALPHA CENTAURI

(Imagem da internet mostrando o sistema Alpha Centauri)

Tipo:
Sistema triplo

Estrelas:
1. ***Próxima Centauri*** - *anã vermelha*
2. ***Alpha Centauri A*** - *anã amarela*
3. ***Alpha Centauri B*** - *anã laranja*

Distância: 4,3 anos-luz

ESTRELA DE BARNARD

(Imagem da internet mostrando a Estrela de Barnard)

Tipo:
Sistema de estrela única

Estrelas:
1. ***Barnard*** - *Anã Vermelha*

Distância: 5,9 anos-luz

LUHMAN 16

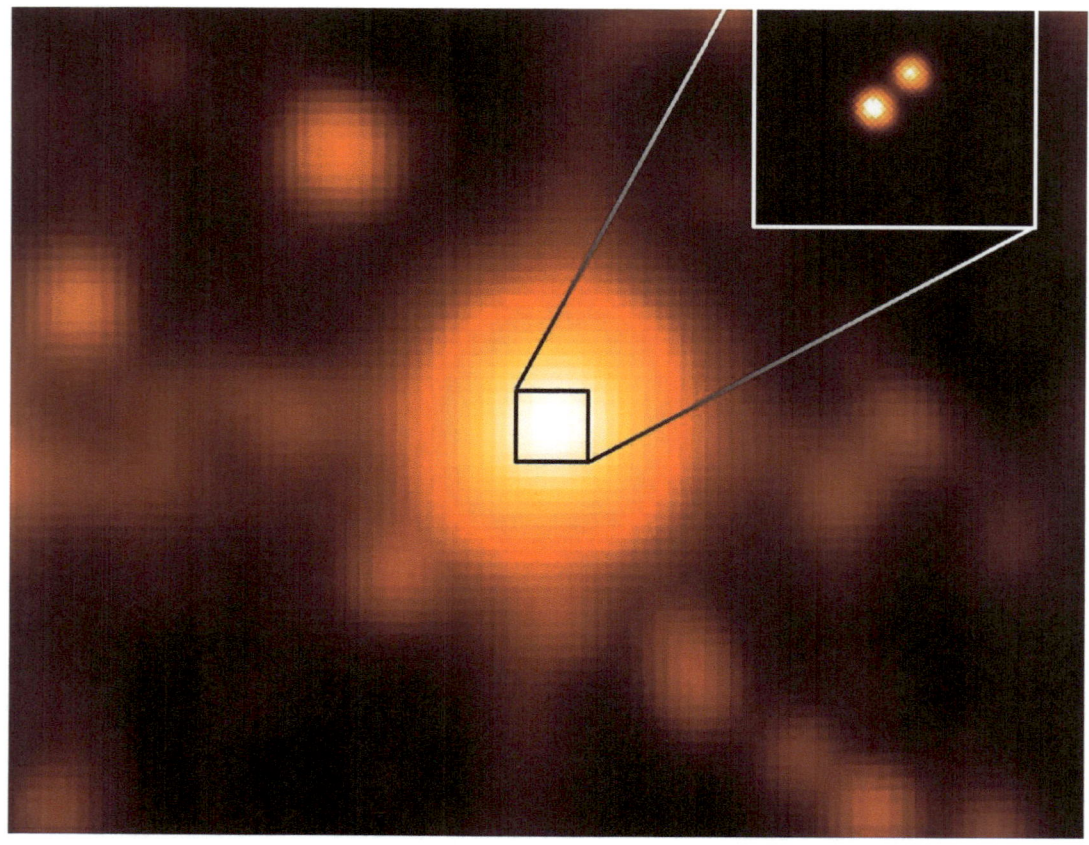

(Imagem da WISE mostrando o sistema de Luhman 16)

Tipo:
Sistema binário

Estrelas:
1. *Luhman 16A* - anã marrom
2. *Luhman 16B* - anã marrom

Distância: 6,6 anos-luz

WISE 0855-0714

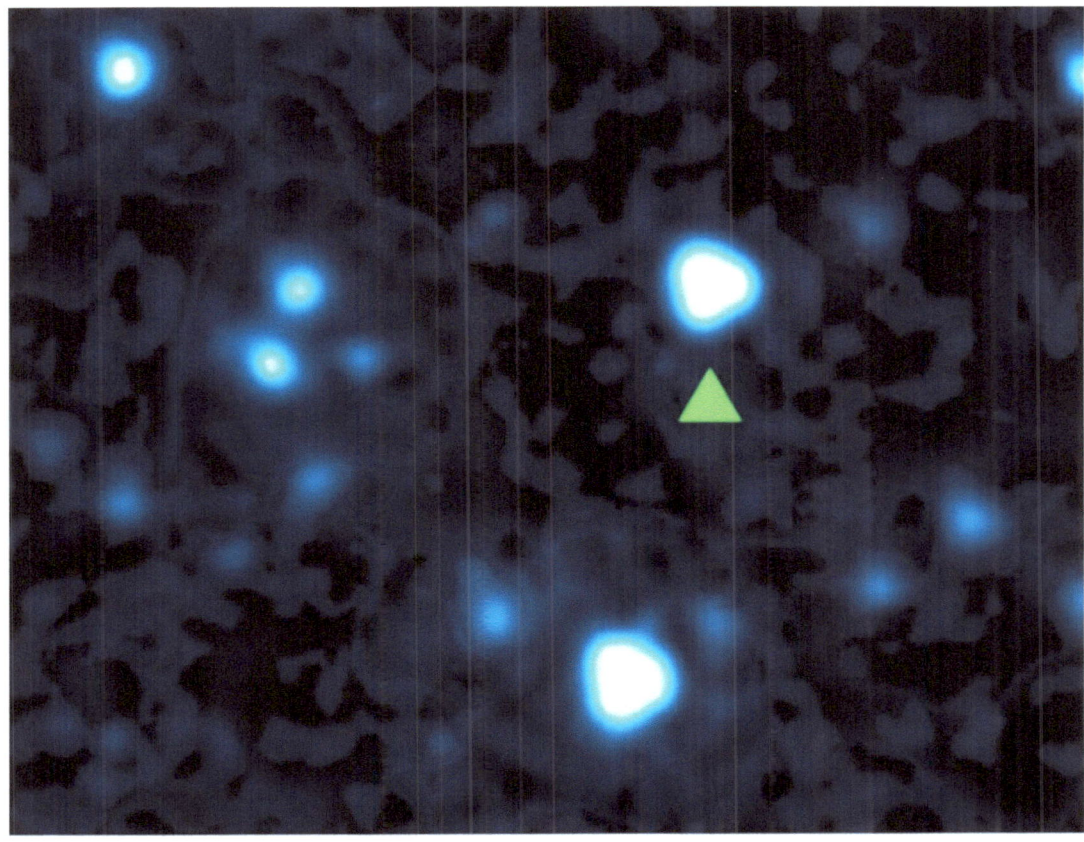

(Imagem da internet mostrando a estrela WISE 0855-0714)

Tipo:
Sistema de estrela única

Estrelas:
1. **WISE 0855-0714** - *sub-anã morrom*

Distância: 7,2 anos-luz

WOLF 359

(Imagem da internet mostrando a estrela Wolf 359, ponto laranja localizado pouco acima do centro)

Tipo:
Sistema de estrela única

Estrelas:
  1. **Wolf 359** - *anã vermelha*

Distância: 7,8 anos-luz

LALANDE 21185

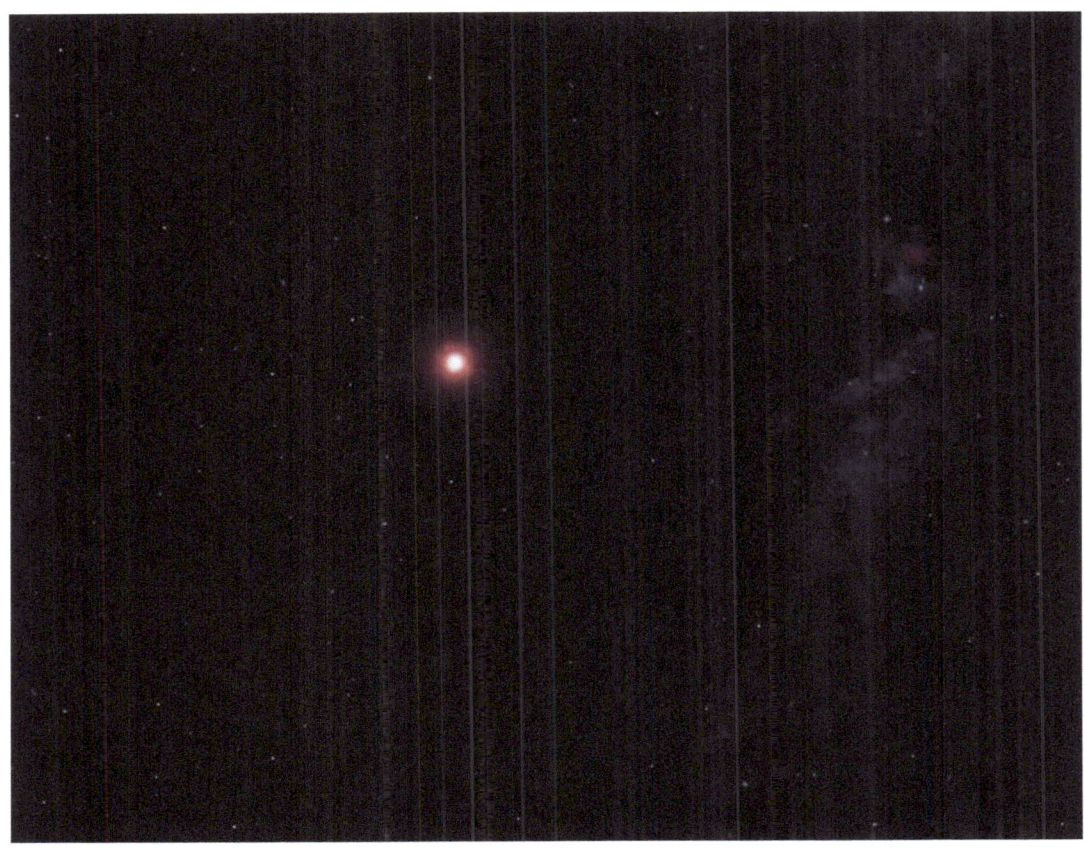

(Imagem da internet mostrando uma estrela anã-vermelha)

Tipo:
Sistema de estrela única

Estrelas:
1. *Lalande 21285* - *anã vermelha*

Distância: 8,3 anos-luz

SIRIUS

(Imagem da internet mostrando o sistema Sirius)

Tipo:
Sistema binário

Estrelas:
1. *Sirius A* - estrela branca
2. *Sirius B* - anã branca

Distância: 8,5 anos-luz

LUYTEN 726-8

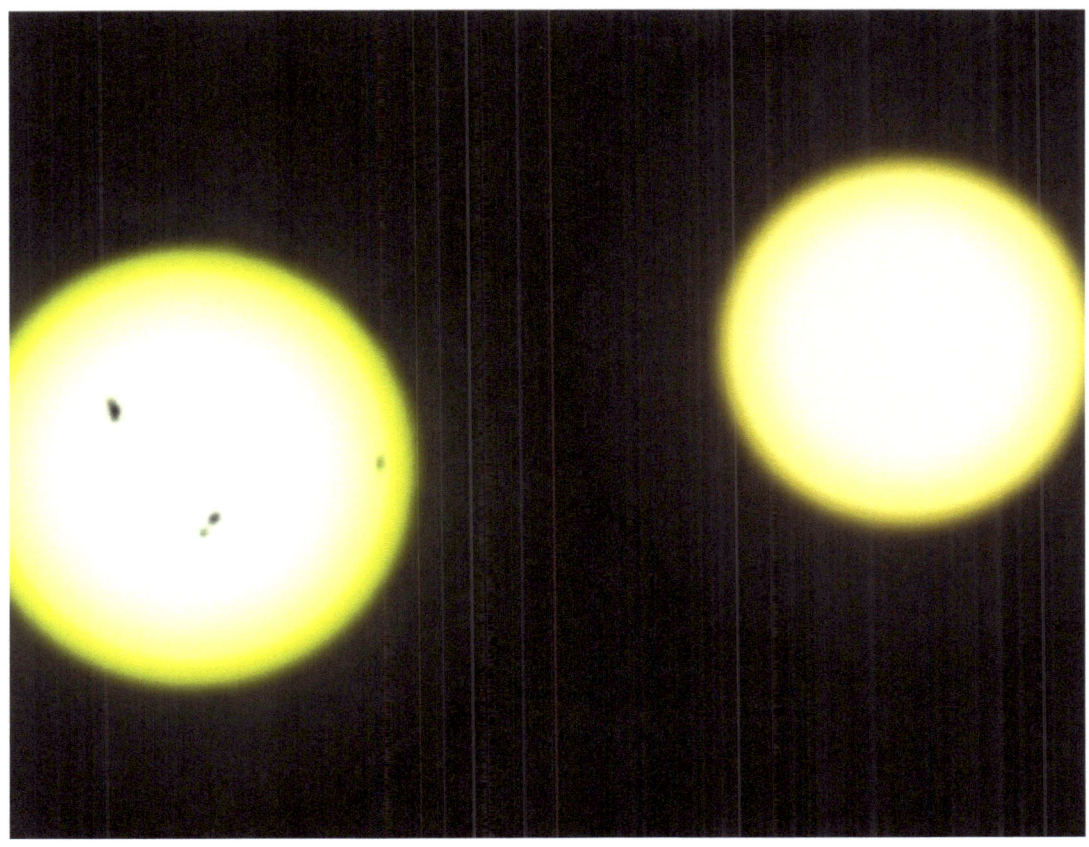

(Imagem da internet ilustrando o sistema Luyten 720-8)

Tipo:
Sistema binário

Estrelas:
1. *Luyten 720-8A*
2. *Luyten 720-8B*

Distância: 8,7 anos-luz

ROSS 154

(Imagem da internet mostrando a estrela Ross 154 no centro da foto)

Tipo:
Sistema de estrela única

Estrelas:
1. *Ross 154* - *anã vermelha*

Distância: 9,6 anos-luz

ROSS 248

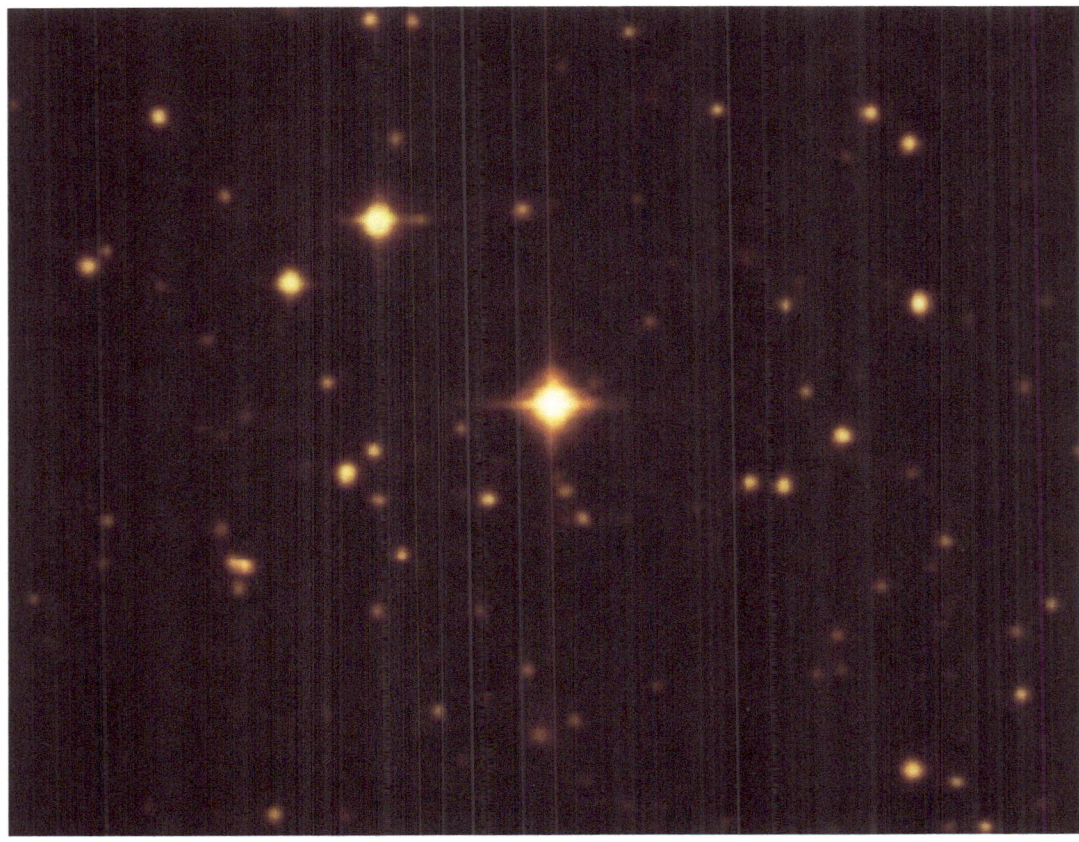

(Imagem da internet mostrando a estrela Ross 248 no centro da foto)

Tipo:
Sistema de estrela única

Estrelas:
 1. *Ross 248* - *anã vermelha*

Distância: 10,3 anos-luz

EPSILON ERIDANI

(Imagem da internet comparando o Sol na direita, com a estrela Epsilon Eridani na esquerda da ilustração)

Tipo:
Sistema de estrela única

Estrelas:
 1. *Ran*

Distância: 10,5 anos-luz

LACAILLE 9352

(Imagem da internet ilustrando a estrela Lacaille 9352)

Tipo:
Sistema de estrela única

Estrelas:
1. *Lac 9352* - *anã vermelha*

Distância: 10,7 anos-luz

ROSS 128

(Imagem da internet mostrando a estrela Ross 128)

Tipo:
Sistema de estrela única

Estrelas:
   2. *Ross 128* - anã vermelha

Distância: 11 anos-luz

EZZ AQUARII

(Imagem da internet mostrando o sistema EZZ Aquarii)

Tipo:
Sistema triplo

Estrelas:
1. ***EZZ Aquarii A*** - *anã vermelha*
2. ***EZZ Aquarii B*** - *anã vermelha*
3. ***EZZ Aquarii C*** - *anã vermelha*

Distância: 11,3 anos-luz

PROCYON

(Imagem da internet ilustrando o sistema Luyten 720-8)

Tipo:
Sistema binário

Estrelas:
1. **Procyon A** - *estrela branca*
2. **Procyon B** - *anã branca*

Distância: 11,4 anos-luz

Galáxias Próximas

Existem mais de cinquenta galáxias nas intermediações da Via Láctea, chamada de *"Grupo Local"*. A maioria dessas galáxias são galáxias anãs, com o centro gravitacional localizado entre a galáxia de Andrômeda e a Via Láctea. As galáxias do grupo local medem cerca de 10 milhões de anos-luz de diâmetro, sendo as maiores e mais massivas delas, as galáxias de Andrômeda e Via Láctea, ambas as galáxias possuem seus sistemas de galáxias satélites. As galáxias satélites são galáxias menores que por meio das suas interações gravitacionais orbitam as galáxias maiores.

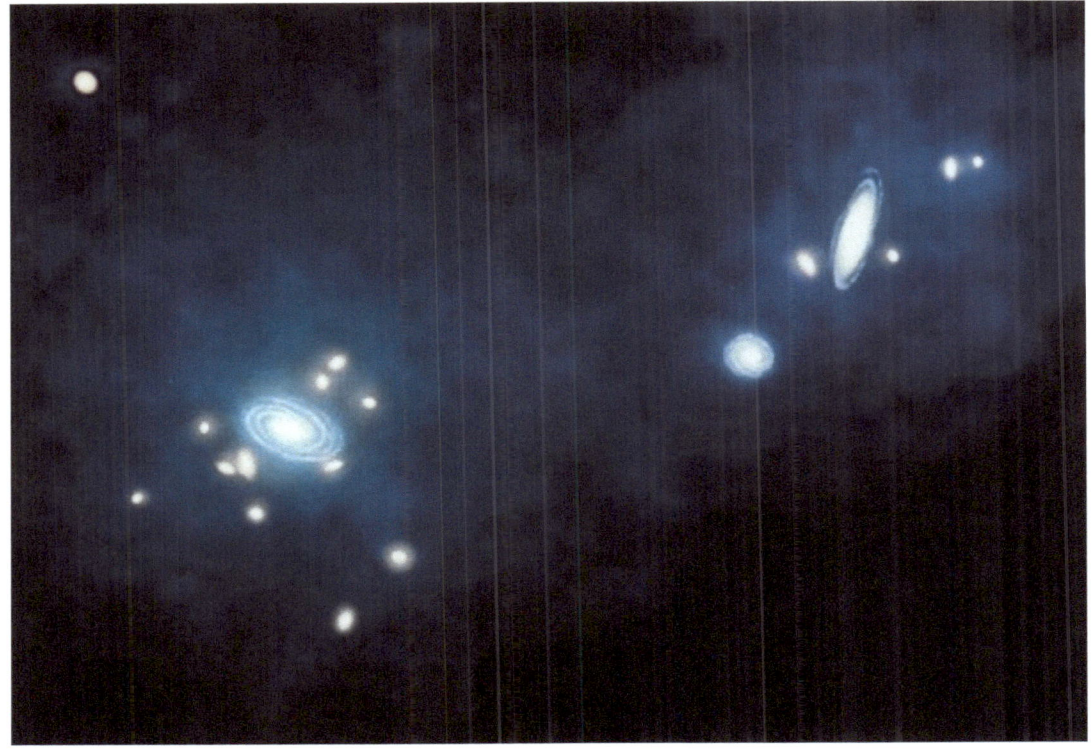

(Imagem da internet ilustrando o grupo local)

GALÁXIA DE ANDRÔMEDA
(M31)

(Imagem da internet mostrando a galáxia de Andrômeda)

Tipo: Galáxia Espiral - SA(s)b

Diâmetro: 220 mil anos-luz

Distância: 2,5 milhões anos-luz

Constelação: Andrômeda

Nº de estrelas: 1 Trilhão

GALÁXIA OLHO NEGRO
(M64)

(Imagem da internet mostrando a galáxia Olho Negro)

Tipo: Galáxia Espiral - (R)SA(rs)ab

Diâmetro: 86 mil anos-luz

Distância: 17 milhões anos-luz

Constelação: Coma Berenices

Nº de estrelas: 100 bilhões

GALÁXIA DE BODE
(M81)

(Imagem da internet mostrando a galáxia de Bode)

Tipo: Galáxia Espiral - SA(s)ab

Diâmetro: 90 mil anos-luz

Distância: 12 milhões anos-luz

Constelação: Ursa Major

Nº de estrelas: 250 bilhões

GALÁXIA CARTWHEEL
(ESO 350-40)

(Imagem da internet mostrando a galáxia Cartwheel)

Tipo: Galáxia Espiral Anular

Diâmetro: ~130 mil anos-luz

Diâmetro do anel: 150 mil anos-luz

Distância: 500 milhões anos-luz

Constelação: Sculptor

GALÁXIA CHARUTO
(M82)

(Imagem da internet mostrando a galáxia Charuto)

Tipo: Galáxia Irregular - I0

Diâmetro: 37 mil anos-luz

Distância: 12 milhões anos-luz

Constelação: Ursa Major

Nº de estrelas: 30 bilhões

CAPÍTULO VIII
Eventos do Universo

Supernova

Uma **supernova** é um fenômeno astronômico relativamente raro que ocorre durante os estágios finais de uma estrela. O fenômeno é causado pelo colapso atômico resultando em uma explosão colossal, liberando até 90% da matéria da estrela no espaço, ganhando em um curto espaço de tempo um brilho podendo chegar até 1 bilhão de vezes mais intenso que o seu estado de brilho original.

(Imagem da internet mostrando a Supernova de Kepler)

Tipos De Supernovas

As supernovas são causadas por uma série de fatores que podem levar a dois resultados, estrelas de nêutrons ou buracos negros. Em geral, as supernovas são divididas em dois tipos, que são eles; *Tipo I e Tipo II.*

Supernova Tipo I é causada por uma anã branca ao se combinar com outra estrela recebendo adicional de matéria e se tornando atomicamente instável, resultando em um novo colapso.

Supernova Tipo II é causada por uma estrela pelo menos dez vezes mais massiva que o Sol, que com massa suficiente para manter a fusão nuclear de elementos mais pesados que hidrogênio e hélio, consegue fundir seus átomos até o ferro. Quando a massa do núcleo de ferro da estrela atinge 1,38 massas solares, ela entra no limite e colapsa.

Onda Gravitacional

As **ondas gravitacionais** são deformações no espaço-tempo que se propagam em forma de onda, viajando na velocidade da luz. As potenciais fontes causadoras das ondas gravitacionais são sistemas binários de objetos supermassivos, como anã brancas, estrelas de nêutrons e buracos-negros. Acontece que, ao estes objetos orbitarem um centro de gravidade, conforme eles se aproximam, uma energia gravitacional é liberada em forma de onda.

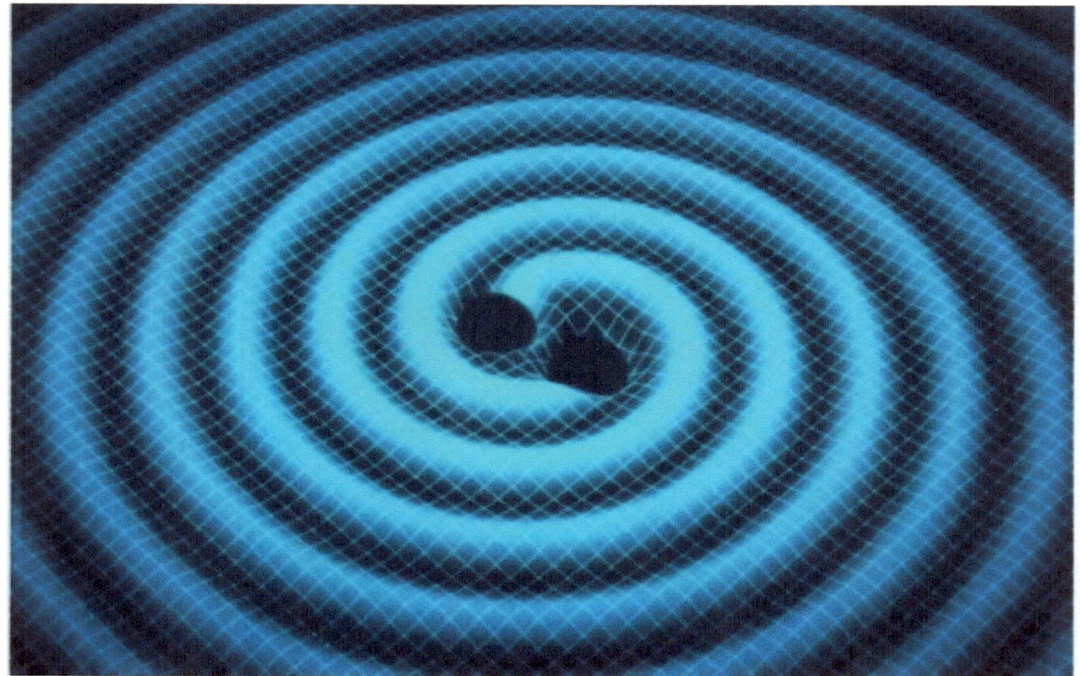

(Imagem da internet simulando ondas gravitacionais geradas pela fusão de dois buracos-negros)

Detecção

As ondas gravitacionais foram detectadas de maneira indireta e de maneira direta.

A **detecção de maneira indireta** das ondas gravitacionais foi feita em 1974 pelos físicos *Joseph Taylor e Russell Alan Hulse*, ao descobrirem um sistema binário de estrelas de nêutrons, também chamadas de "pulsares". O sistema de pulsares foi reconhecido e apelidado de Binária de Hulse-Taylor, que os levou ao prêmio nobel de física. Foi notado que a órbita desse sistema estava encolhendo, evidenciando sua perda de energia. Essa foi a primeira evidência indireta de ondas gravitacionais.

A **detecção de maneira direta** foi realizada em um experimento de lasers, no ano de 2015, através do projeto LIGO (*Laser Interferometer Gravitational-Wave Observatory*).
Foram detectadas ondas gravitacionais de maneira direta pela primeira vez na história da astronomia, que ocorreu à 1.3 bilhões de anos-luz da Terra, causadas pela fusão de dois buracos negros com massas de trinta vezes a do Sol.

CAPÍTULO IX
O Espaço-tempo

Espaço Tridimensional

O **espaço tridimensional** é o que pode ser descrito com três dimensões (altura, largura e profundidade).

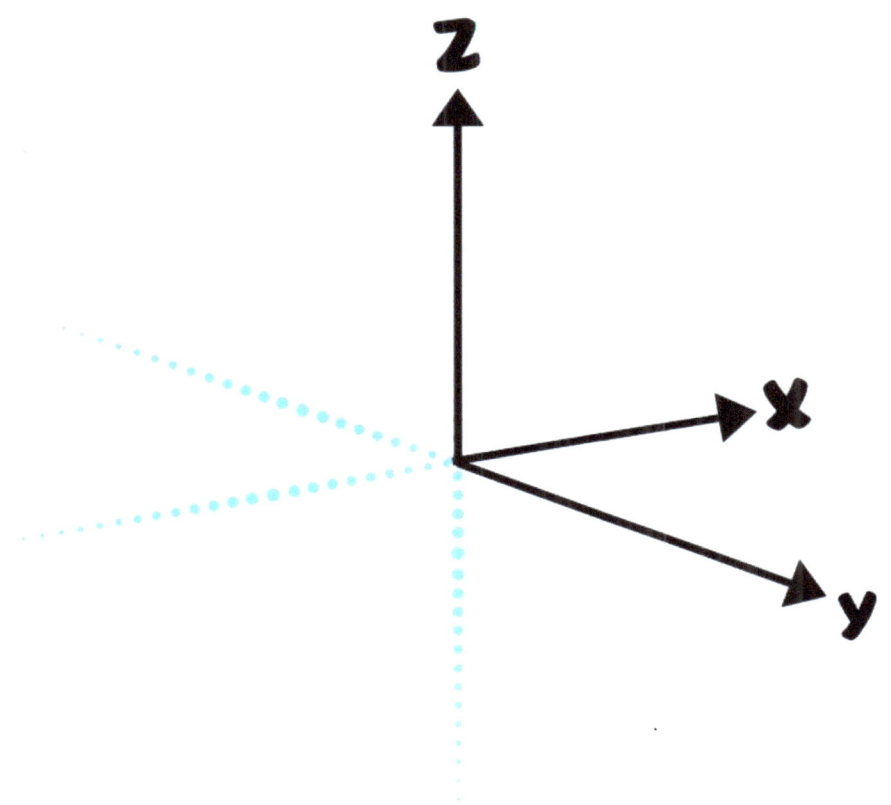

Vivemos em um universo tridimensional, com três dimensões espaciais e uma dimensão temporal.

A Dimensão Temporal

A dimensão temporal é vista como uma dimensão de transição do espaço tridimensional, como uma nova linha posta abaixo do "gráfico tridimensional espacial", possibilitando a sua passagem como um todo:

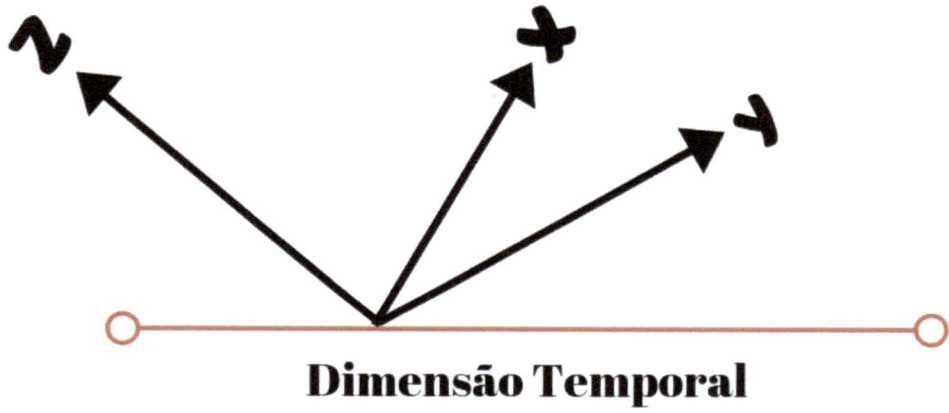
Dimensão Temporal

A seta do tempo que aponta para uma direção (o futuro) como nós conhecemos, seria representada mais ou menos assim:

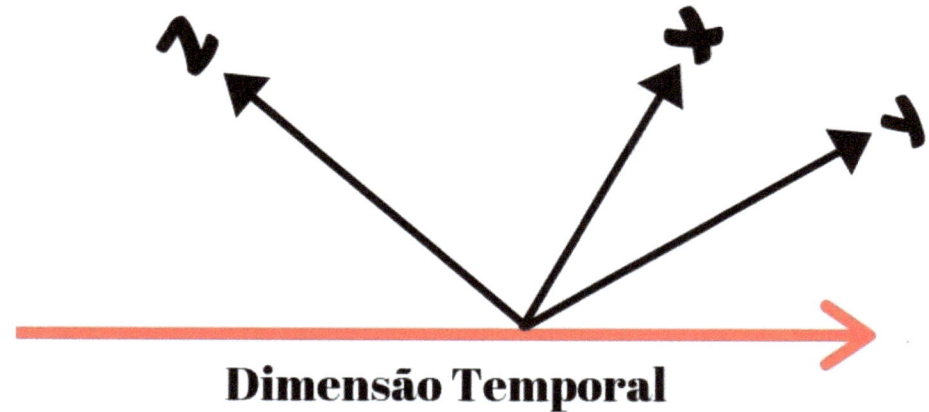
Dimensão Temporal

O Tecido Espaço-Tempo

O **tecido espaço-tempo** é um conceito fundamentado nas teorias da *relatividade restrita* e *relatividade geral* do físico alemão Albert Einstein. O espaço-tempo é uma junção do espaço tridimensional e o tempo em faces da mesma moeda, como uma única variedade de quatro dimensões. Ao contrário da mecânica clássica não-relativista de Isaac Newton, em que se diz que o tempo ocorre uniformemente para todo o espaço, na teoria de Einstein o tempo é relativo e pode ser deformado junto ao espaço dependendo da situação gravitacional em que ele se encontra. Podemos imaginar o espaço como sendo um imenso tecido estendido por todo o universo, por cima desse tecido espacial todas as estrelas e galáxias existentes, quanto maior a massa de um objeto, maior será a deformação no espaço-tempo causada por ele.

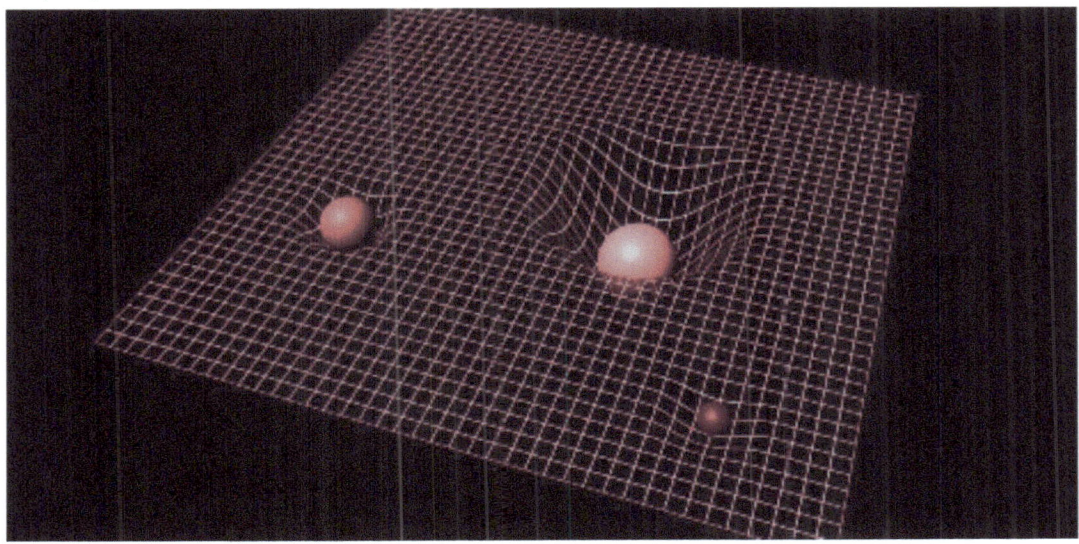

(Imagem da internet ilustrando em grades a distorção causada por objetos no tecido espaço-tempo)

Descomplicando a Gravidade

Se a gravidade ainda parece um assunto abstrato e complexo, podemos enxergá-la de forma mais concreta de acordo com a formulação do tecido espaço-tempo. A força causadora das distorções espaciais-temporais é a gravidade, portanto, quanto maior e massivo é um corpo sobre o tecido espaço-tempo, maior será sua força gravitacional, fazendo com que corpos menores próximos "caiam" em sua atração gravitacional, os colocando em órbita.

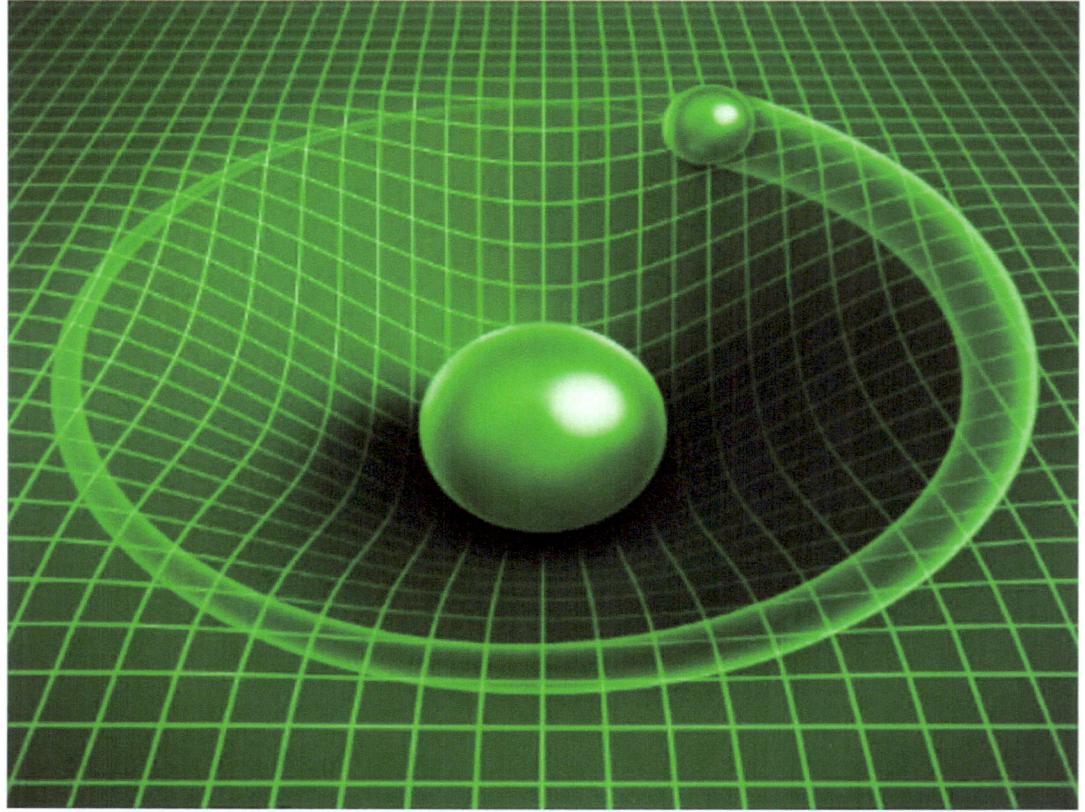

(Imagem da internet simulando em grades a interação gravitacional entre dois corpos sobre o tecido espaço-tempo)

CAPÍTULO X
A Origem

Big Bang

O **Big Bang** é uma teoria cosmológica atualmente aceita que descreve a origem do universo há cerca de 13,7 bilhões de anos. A teoria consiste basicamente em uma imensa explosão de energia que originou todo o universo como conhecemos. De acordo com o Big Bang (Grande Explosão), toda a matéria/energia existente, estava concentrada em um único ponto extremamente denso e quente, então este ponto explodiu liberando toda sua energia. A teoria tem explicações mais concretas fundamentadas em várias evidências científicas, uma delas é a expansão do universo, comprovada por Hubble através das suas observações de galáxias.

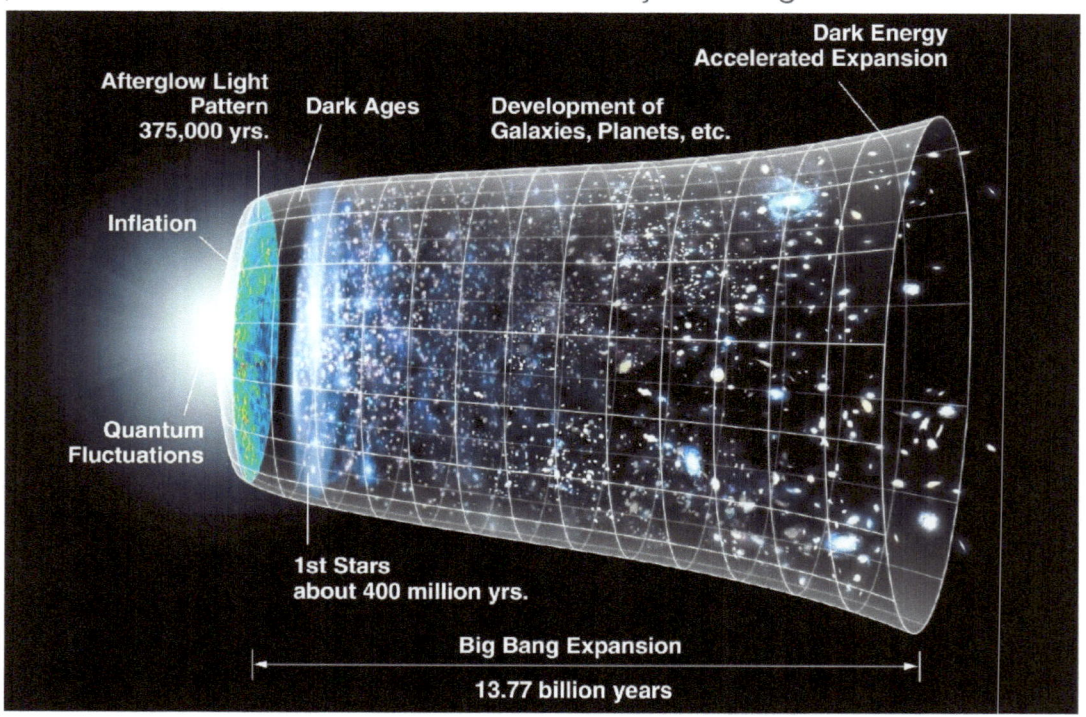

Expansão Do Universo

A **expansão do espaço-tempo** é proposta a fim de compreender a maneira com com que o universo se expande, descrito através de um tensor métrico que relaciona o espaço tridimensional e o tempo, parecendo estender-se à medida com que o universo esfria e envelhece. A métrica que descreve a expansão do modelo padrão do Big Bang é chamada de *Modelo FLRW*.

Em 1929 Edwin Hubble descobriu ao observar as galáxias, que as suas distâncias eram proporcionais aos seus desvios para o vermelho, ou seja, quanto mais longe, mais avermelhada é uma galáxia e mais rápido ela se distancia. Isso acontece porque os comprimentos de ondas vermelhas são mais longas

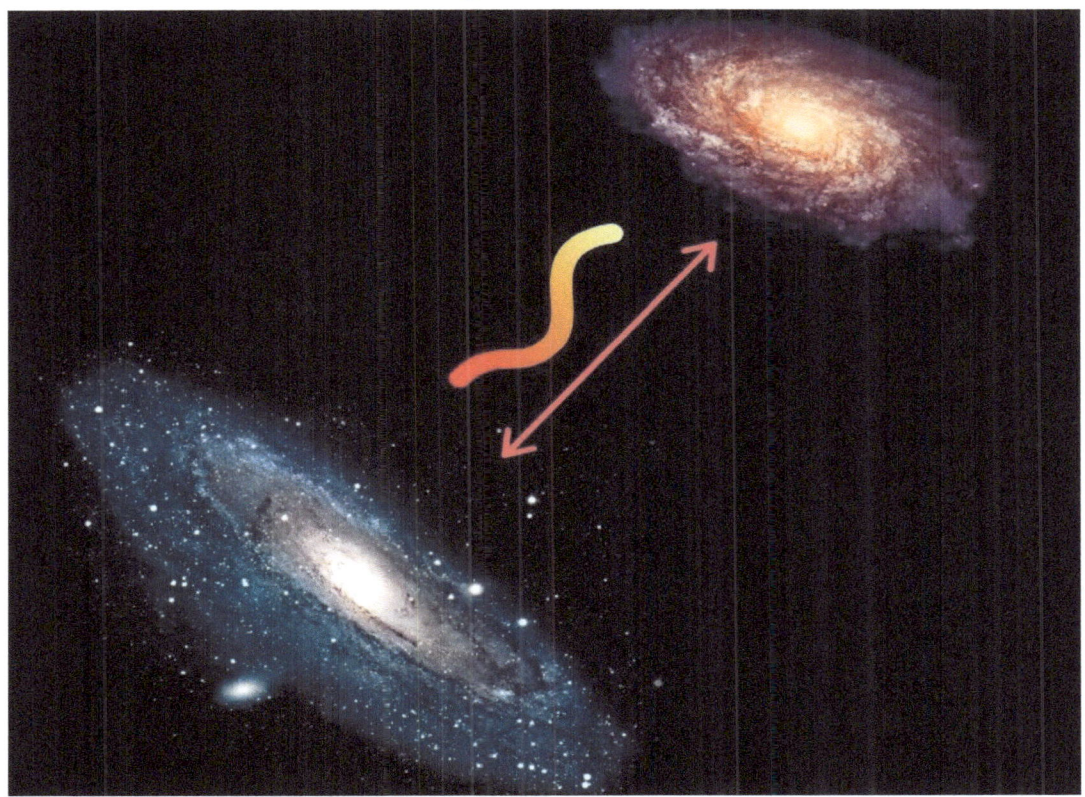

Radiação cósmica de fundo

A **radiação cósmica de fundo em micro-ondas** é uma forma eletromagnética de radiação, que teve sua existência teoricamente prevista por George Gamow, Robert Herman e Ralph Alpher em 1948. A radiação cósmica de fundo é basicamente um rastro deixado pela luz, ou um fóssil de luz, que teve sua origem em apenas 380 mil anos após o Big Bang, em uma época que o universo era extremamente denso e quente.

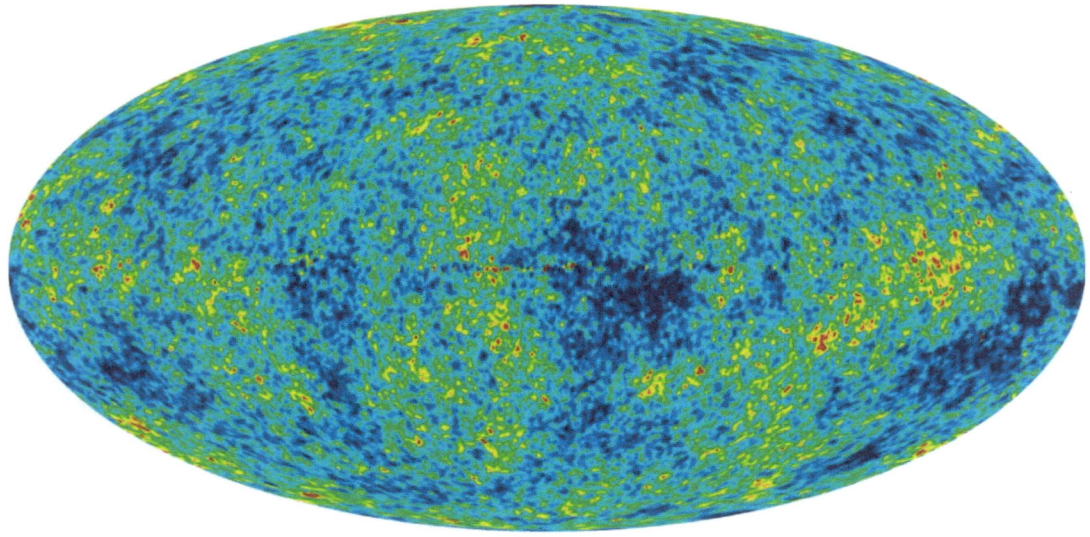

A radiação cósmica de fundo em micro-ondas se estende preenchendo todo o universo. A imagem acima representa o mapeamento dessa radiação cósmica no universo observável. De acordo com o Big Bang, a radiação cósmica de fundo possui a maior parte da energia do universo, constituindo uma fração de 5×10^{-5} da densidade total.

Materia Escura

A **matéria escura** é um tipo de matéria que não interage com a matéria comum, é invisível ao espectro eletromagnético. Só é possível realizar a sua detecção através de sua interação gravitacional sobre a matéria visível, como estrelas, galáxias e aglomerados de galáxias. Foi notado que as galáxias possuem um efeito gravitacional além de sua massa, levando a deduzir que haveria algum tipo de influência gravitacional com um aspecto de "teia" invisível nas regiões, então surgiu a ideia de matéria escura.

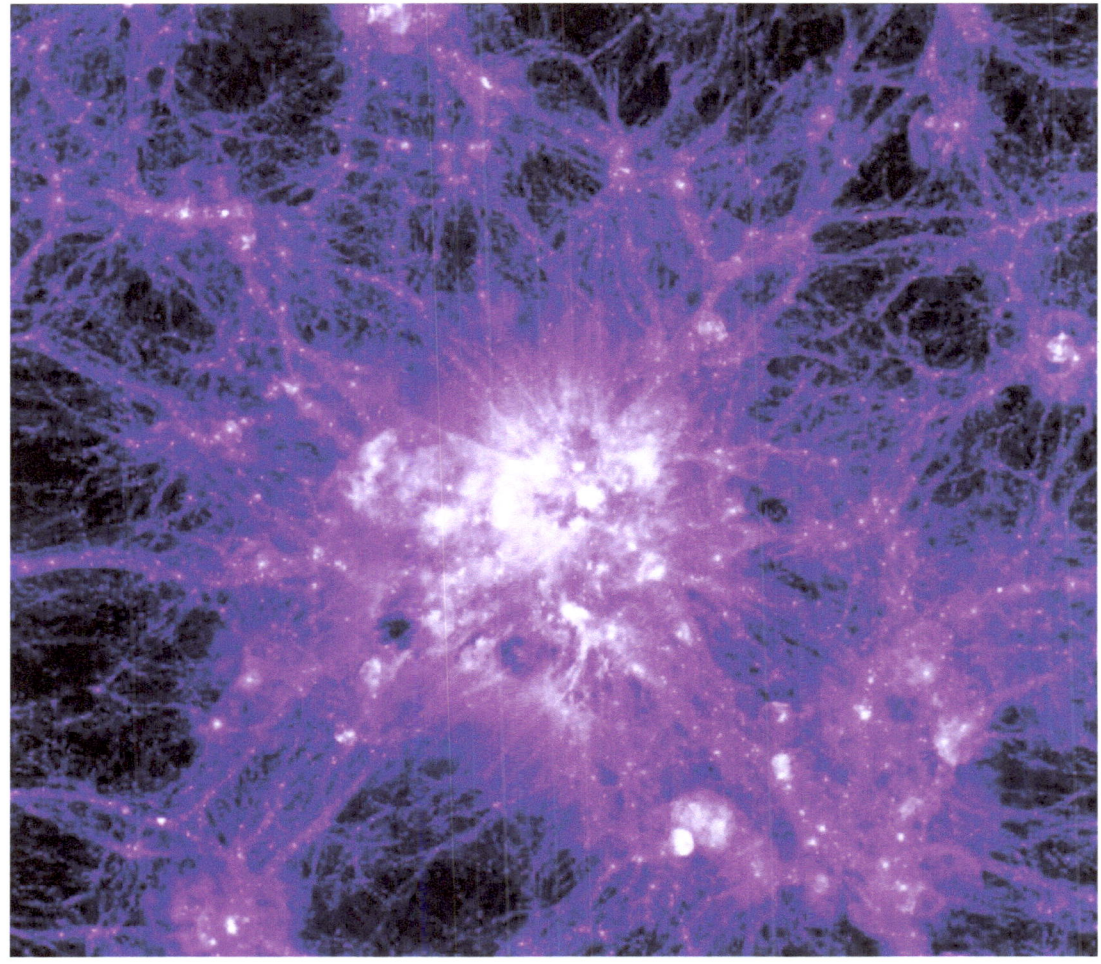

(Imagem da internet ilustrando a materia escura)

Energia Escura

A **energia escura** é um tipo de energia ainda desconhecida que estaria distribuída pelo espaço-tempo, ajudando a acelerar a expansão do universo. A sua principal característica hipotética é a sua forte pressão negativa de atividade repulsiva e contrária da força de atração gravitacional em larga escala, de acordo com a relatividade geral. Esperava-se que a expansão do universo com o passar dos anos, se esfriasse e fosse vencida pela força da gravidade, retornando então ao lugar de origem do big bang. Acontece que, ao contrário do previsto, o universo está em aceleração. De acordo com estudos da cosmologia, o universo teria esta composição:

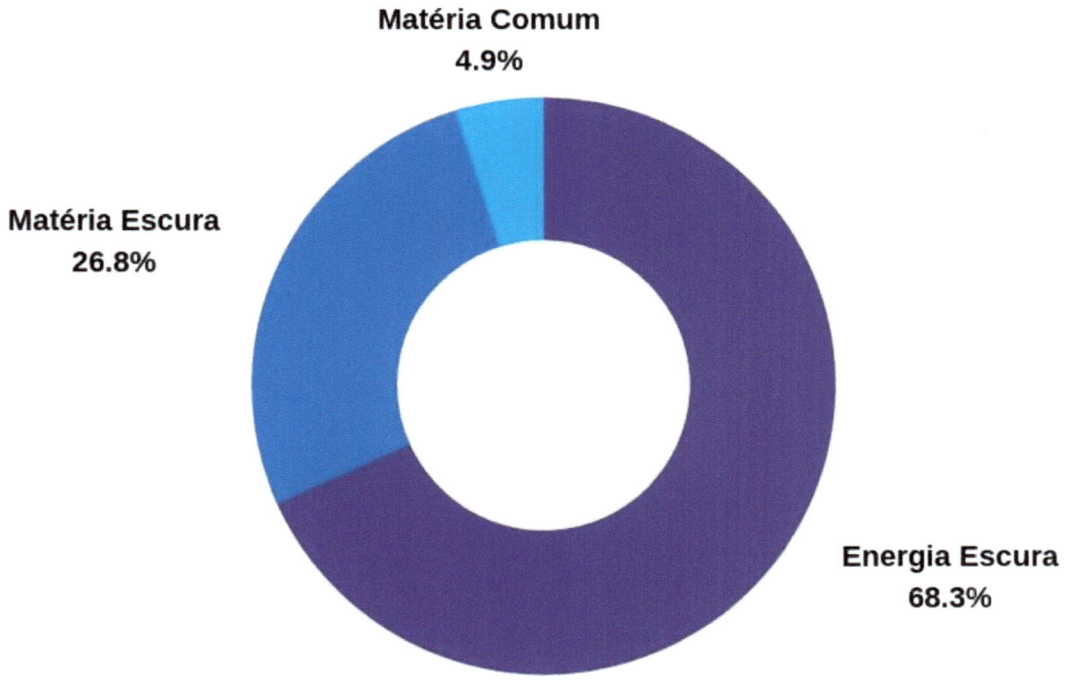

ASTRONOMEASY
DESCOBRINDO A ASTRONOMIA

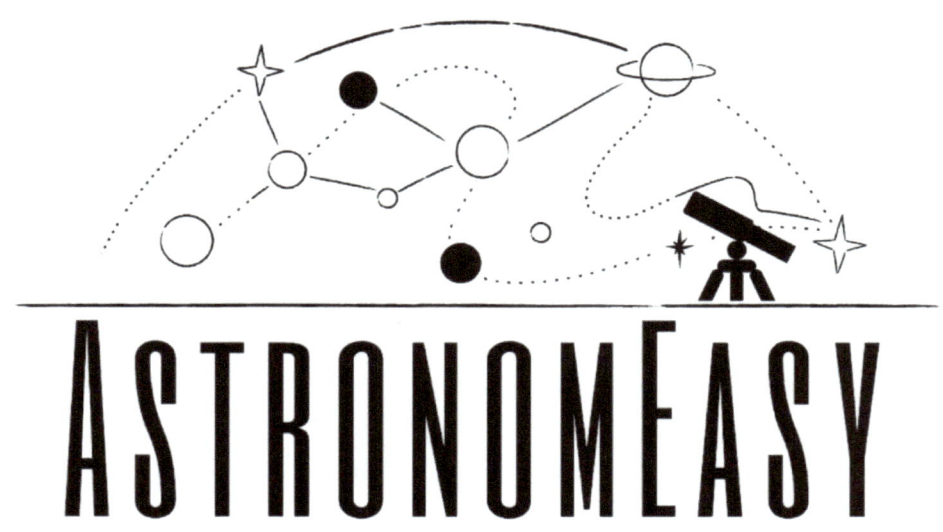

Para sua atualização diária sobre Astronomia nos siga também nas nossas redes sociais

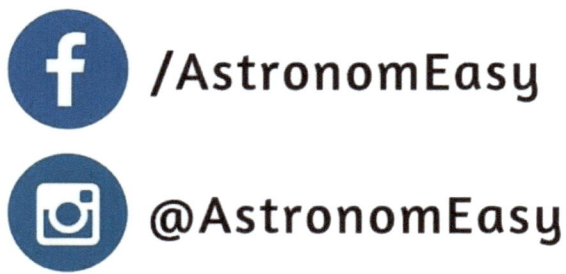

/AstronomEasy

@AstronomEasy